机电设备管理

余 锋 主编
陶铭鼎 主审

北京理工大学出版社
BEIJING INSTITUTE OF TECHNOLOGY PRESS

内 容 简 介

本书共十章，内容包括：设备资产管理、设备的使用与维护、设备润滑管理、设备的状态管理、设备的修理、备件管理、动力设备与能源管理、设备的改造与更新、国际设备管理的新模式等内容。

本书可作为高职高专机电设备维修与管理、机电一体化、机械设备与自动化、机械制造、数控等机电类专业的教材，也可作为从事设备管理与维修的工程技术人员的参考用书和企业设备管理与维修人员的培训教材。

版权专有　侵权必究

图书在版编目（CIP）数据

机电设备管理/余锋主编．—北京：北京理工大学出版社，2019.8（2024.7 重印）
ISBN 978-7-5682-7421-0

Ⅰ．①机…　Ⅱ．①余…　Ⅲ．①机电设备-设备管理-高等学校-教材　Ⅳ．①TM

中国版本图书馆 CIP 数据核字（2019）第 174526 号

责任编辑：张旭莉　　**文案编辑：**张旭莉
责任校对：周瑞红　　**责任印制：**李志强

出版发行 / 北京理工大学出版社有限责任公司
社　　址 / 北京市丰台区四合庄路 6 号
邮　　编 / 100070
电　　话 / （010）68914026（教材售后服务热线）
　　　　　　（010）68944437（课件资源服务热线）
网　　址 / http://www.bitpress.com.cn

版 印 次 / 2024 年 7 月第 1 版第 7 次印刷
印　　刷 / 涿州市新华印刷有限公司
开　　本 / 787 mm×1092 mm　1/16
印　　张 / 11.5
字　　数 / 270 千字
定　　价 / 38.00 元

图书出现印装质量问题，请拨打售后服务热线，负责调换

前 言

设备是生产力的重要组成部分和基本要素之一，是企业从事生产经营的重要工具和手段，是企业生存与发展的重要物质财富，也是社会生产力发展水平的物质标志。"工欲善其事，必先利其器"，没有现代化的机器设备，就没有现代化的大生产，也就没有现代化的企业。因此，设备在现代化工业企业的生产经营活动中居于极其重要的地位。

随着改革开放和科学技术的迅猛发展，设备的现代化水平空前提高，现代企业使用大型化、高速化、精密化、电子化、自动化的设备越来越多，使企业生产过程依赖设备和技术装备的程度日益加深，生产设备对产品的产量、质量、成本的影响程度也与日俱增，因此，科学地管好设备是企业管理工作中的基础工作，是企业提高经济效益的重要途径，是企业长远发展的重要条件，并直接关系到企业的成败与兴衰。

如何驾驭现代设备，使其充分发挥其功效，其中，设备管理人才的培养是关键。为此，基于高职高专的教育特点和教改方向，我们编写了《机电设备管理》一书，该书可作为高职高专机电设备维修与管理、机电一体化、机械设备与自动化、机械制造、数控等机电类专业的教材，也可作为从事设备管理与维修的工程技术人员的参考用书和企业设备管理与维修人员的培训教材。

全书从全面生产维护管理的现代设备管理理念出发，结合作者多年从事企业设备管理的实践与教学经验，通过十章篇幅，系统介绍了设备资产管理、设备的使用与维护、设备润滑管理、设备的状态管理、设备的修理、备件管理、动力设备与能源管理、设备的改造与更新、国际设备管理的新模式等内容。每章后面都附有练习与思考。本书的编写定位明确，内容完整、丰富，层次清楚，重点突出，读者通过对本书的学习，可以从中了解现代企业开展设备管理工作的基本思路和方法。

本书在编写过程中，参考并引用了大量文献资料，这些文献资料对本书的编写工作起到举足轻重的作用。在此向所有被引用的参考文献的作者们致以诚挚的敬意！

本书涉及的内容较多，因编写人员知识水平、实践经验所限，加之时间仓促，书中难免存在不完善之处，热忱欢迎专家、读者予以批评指正。

编　者

目 录

第一章 设备管理概述 ……………………………………………………………… 1

第一节 设备与设备管理 …………………………………………………………… 1
一、设备 …………………………………………………………………………… 1
二、设备管理 ……………………………………………………………………… 5

第二节 设备管理的发展阶段及趋势 ……………………………………………… 7
一、设备管理的发展阶段 ………………………………………………………… 7
二、现代设备管理的趋势 ………………………………………………………… 10

第三节 设备管理的任务及基本内容 ……………………………………………… 12
一、设备管理的主要任务 ………………………………………………………… 12
二、设备管理的基本内容 ………………………………………………………… 13

第四节 设备管理的组织形式 ……………………………………………………… 15
一、设备管理组织机构设置的原则 ……………………………………………… 15
二、设备管理组织机构的形式及特点 …………………………………………… 16

练习与思考 ………………………………………………………………………… 19

第二章 设备资产管理 …………………………………………………………… 21

第一节 固定资产的基本概念 ……………………………………………………… 21
一、固定资产的特征 ……………………………………………………………… 21
二、固定资产的确认条件 ………………………………………………………… 22
三、固定资产的分类与归口分级管理 …………………………………………… 23

第二节 设备资产价值管理 ………………………………………………………… 25
一、固定资产的计价 ……………………………………………………………… 25
二、固定资产折旧 ………………………………………………………………… 26

第三节 设备资产实物管理 ………………………………………………………… 29
一、设备资产实物管理的主要职责 ……………………………………………… 29
二、设备资产管理的基础资料 …………………………………………………… 30
三、设备资产的新增及异动管理 ………………………………………………… 32
四、设备资产实物状况管理 ……………………………………………………… 38

第四节 设备资产评估管理 ………………………………………………………… 38
一、设备资产评估的特点与要素 ………………………………………………… 38
二、设备资产评估的原则与程序 ………………………………………………… 40
三、设备资产的评估方法 ………………………………………………………… 41

练习与思考 ………………………………………………………………………… 42

第三章 设备的使用与维护 ………………………………………………… 43
第一节 设备的技术状态 ………………………………………………… 43
一、设备技术状态完好标准 ………………………………………… 43
二、完好设备的考核和完好率的计算 ……………………………… 46
第二节 设备的使用管理 ………………………………………………… 46
一、正确合理使用设备的前提 ……………………………………… 46
二、设备合理使用的主要措施 ……………………………………… 47
三、设备使用守则 …………………………………………………… 48
四、设备操作规程和使用规程 ……………………………………… 50
五、使用设备岗位责任制 …………………………………………… 51
第三节 设备的维护管理 ………………………………………………… 51
一、设备维护的"四项要求" ……………………………………… 51
二、设备维护的类别及内容 ………………………………………… 52
三、精、大、稀、关键设备的使用维护要求 ……………………… 54
四、区域维修责任制 ………………………………………………… 55
第四节 设备事故管理 …………………………………………………… 55
一、设备事故的分类 ………………………………………………… 55
二、设备事故的分析及处理 ………………………………………… 56
三、设备事故损失的计算 …………………………………………… 57
练习与思考 …………………………………………………………… 58

第四章 设备润滑管理 ……………………………………………………… 59
第一节 摩擦与磨损 ……………………………………………………… 59
一、摩擦 ……………………………………………………………… 59
二、磨损 ……………………………………………………………… 60
第二节 润滑材料与润滑装置 …………………………………………… 63
一、润滑剂的分类与选用 …………………………………………… 63
二、润滑材料的检测 ………………………………………………… 67
三、润滑装置 ………………………………………………………… 72
第三节 设备的润滑管理 ………………………………………………… 73
一、设备润滑管理的目的和任务 …………………………………… 73
二、设备润滑管理的组织和制度 …………………………………… 75
三、设备润滑图表 …………………………………………………… 79
四、润滑的防漏与治漏 ……………………………………………… 81
练习与思考 …………………………………………………………… 83

第五章 设备状态监测与故障诊断 ………………………………………… 85
第一节 设备的状态监测 ………………………………………………… 85
一、设备状态监测的种类 …………………………………………… 85
二、设备状态监测工作的开展 ……………………………………… 86

第二节　设备的点检 …………………………………………………………… 87
　　一、设备的点检 …………………………………………………………… 87
　　二、设备点检制 …………………………………………………………… 91
第三节　设备的故障诊断 ……………………………………………………… 91
　　一、设备故障诊断技术的发展 …………………………………………… 91
　　二、设备诊断技术的含义与内容 ………………………………………… 92
　　三、设备故障诊断技术的分类 …………………………………………… 92
　　四、设备诊断过程及基本技术 …………………………………………… 93
　　五、设备诊断工作的开展 ………………………………………………… 95
第四节　设备的故障管理 ……………………………………………………… 95
　　一、设备故障的分类 ……………………………………………………… 96
　　二、设备故障的分析方法 ………………………………………………… 96
　　三、设备故障管理的程序 ………………………………………………… 100
练习与思考 ……………………………………………………………………… 104

第六章　设备的修理 ……………………………………………………………… 105
第一节　维修方式与修理类别 ………………………………………………… 105
　　一、设备维修方式 ………………………………………………………… 105
　　二、修理类别 ……………………………………………………………… 107
第二节　修理计划的编制 ……………………………………………………… 108
　　一、编制设备修理计划的依据 …………………………………………… 108
　　二、设备修理计划的编制 ………………………………………………… 109
　　三、设备修理计划的变更、检查与考核 ………………………………… 111
第三节　修理计划的实施 ……………………………………………………… 111
　　一、修前的准备工作 ……………………………………………………… 111
　　二、设备修理计划的实施 ………………………………………………… 114
　　三、设备修理计划的考核 ………………………………………………… 116
第四节　设备修理工作定额 …………………………………………………… 116
　　一、设备修理复杂系数 …………………………………………………… 116
　　二、修理工作量定额 ……………………………………………………… 117
　　三、修理停歇时间定额 …………………………………………………… 118
　　四、设备修理费用定额 …………………………………………………… 118
　　五、制定设备修理工作定额的方法 ……………………………………… 118
第五节　设备的委托修理 ……………………………………………………… 119
　　一、办理设备委托修理的工作程序 ……………………………………… 119
　　二、设备委托修理合同的内容 …………………………………………… 119
　　三、执行合同中应注意事项 ……………………………………………… 120
练习与思考 ……………………………………………………………………… 120

第七章 备件管理 ······ 121

第一节 概述 ······ 121
一、备件及备件管理 ······ 121
二、备件的分类 ······ 121
三、备件管理的目标、任务及工作内容 ······ 122
四、备件的编码 ······ 123

第二节 备件的技术管理 ······ 124
一、备件的储备原则 ······ 124
二、备件的储备形式 ······ 124
三、备件的储备定额 ······ 125

第三节 备件的计划管理 ······ 128
一、备件计划管理流程 ······ 128
二、备件计划管理部门职责划分 ······ 130
三、备件计划的编制、实施与调整 ······ 131
四、备件质量异议的处理 ······ 132

第四节 备件的库存管理 ······ 133
一、备件库的建立 ······ 133
二、备件库的管理 ······ 133

第五节 备件的经济管理 ······ 134
一、备件资金的来源和占用范围 ······ 134
二、备件资金的核算方法 ······ 134
三、备件经济管理考核指标 ······ 135
四、降低备件库存的常用措施 ······ 136

练习与思考 ······ 137

第八章 动力设备与能源管理 ······ 138

第一节 动力设备管理 ······ 138
一、动力设备管理概述 ······ 138
二、动力设备的运行管理 ······ 140
三、动力设备的经济管理 ······ 142

第二节 能源管理 ······ 143
一、能源管理概述 ······ 143
二、能源管理 ······ 145
三、企业节能 ······ 147

练习与思考 ······ 149

第九章 设备的改造与更新 ······ 150

第一节 设备的磨损和寿命 ······ 150
一、设备的磨损 ······ 150
二、设备磨损的补偿 ······ 152

三、设备寿命 ……………………………………………………………… 152
　第二节　设备的改造与更新 …………………………………………………… 153
　　一、设备更新改造的意义 ………………………………………………… 153
　　二、设备的改造 …………………………………………………………… 154
　　三、设备的更新 …………………………………………………………… 156
　练习与思考 ……………………………………………………………………… 158

第十章　国际设备管理新模式简介 …………………………………………… 159
　第一节　从预知维修到状态维修 ……………………………………………… 159
　第二节　以利用率为中心的维修 ……………………………………………… 160
　第三节　全面计划质量维修 …………………………………………………… 162
　第四节　适应性维修 …………………………………………………………… 164
　第五节　可靠性维修 …………………………………………………………… 166
　第六节　可靠性为中心的维修及其广泛应用 ………………………………… 168

参考文献 ………………………………………………………………………… 174

第一章

设备管理概述

第一节 设备与设备管理

一、设备

（一）设备的概念

设备是生产力的重要组成部分和基本要素之一，是企业从事生产经营的重要工具和手段，是企业生存与发展的重要物质财富，也是社会生产力发展水平的物质标志。"工欲善其事，必先利其器"，没有现代化的机器设备，就没有现代化的大生产，也就没有现代化的企业。因此，设备在现代化工业企业的生产经营活动中居于极其重要的地位。

对于设备的定义，目前国内外还存在一些差异。在发达国家，设备被定义为"有形固定资产的总称"，它把一切列入固定资产的劳动资料，如土地与不动产、厂房和构筑物、机器及附属设施等均被视为设备。在我国，只有具备直接或间接参与改变劳动对象的形态和性质，并在长期使用中基本保持其原有实物形态的物资资料才被看做设备。

设备是固定资产的重要组成部分。2006年2月我国财政部颁布的《企业财务通则》中规定，固定资产是指为生产商品、提供劳务、出租或经营管理而持有的且使用寿命超过一个会计年度的有形资产。固定资产必须同时满足"与该固定资产有关的经济利益很可能流入企业"和"该固定资产的成本能够可靠地计量"才能予以确认。从固定资产的定义来看，企业中绝大多数设备都属于固定资产的范畴。

（二）机器设备的功能结构

设备的典型代表是机器，它是一种由零部件组成、能运转、能转换能量或能产生有用功的装置。一台完整的机器一般由动力部分、传动部分、执行部分、控制部分和辅助部分组成。机器的功能结构如图1-1所示。

1. 动力部分

动力部分是驱动整部机器完成预定功能的动力源，又称原动机。通常一部机器只用一个原动机，复杂的机器也可能有好几个动力源。一般地说，它们都是把其他形式的能量转换为可以利用的机械能，如汽轮机、内燃机、电动机等。

2. 传动部分

传动部分是介于动力部分和执行部分之间的中间装置。其任务是把原动机的运动及动力

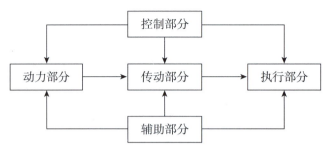

图 1-1 机器的功能结构

传递给执行部分,并实现运动速度和运动形式的转换。例如把旋转运动变为直线运动,高转速变为低转速,小转矩变为大转矩等。机器常见的传动类型有机械传动(如齿轮传动、蜗轮蜗杆传动、带传动、链式传动等)、流体传动(如液压传动、气压传动、液力传动)、电力传动等。

3. 执行部分

执行部分是用来完成机器预定功能的组成部分。一部机器可以只有一个执行部分(例如压路机的压辊),也可以把机器的功能分解成好几个执行部分(例如桥式起重机的卷筒、吊钩部分执行上下吊放重物的功能,小车行走部分执行横向运送重物的功能,大车行走部分执行纵向运送重物的功能)。

4. 控制部分

控制部分是控制机器各部分的运动,保证机器的启动、停止和正常协调动作等。

5. 辅助部分

辅助部分包括机器的润滑、显示和照明等,也是保证机器正常运行不可缺少的部分。

以汽车为例,发动机(汽油机或柴油机)是汽车的原动机;离合器、变速箱、传动轴和差速器组成传动部分;车轮、悬挂系统及底盘(包括车身)是执行部分;转向盘和转向系统、排挡杆、刹车及其踏板、离合器踏板及油门组成控制系统;油量表、速度表、里程表、润滑油温度表及蓄电瓶电流表、电压表等组成显示系统;转向信号灯及车尾红灯等组成信号系统;前后灯及仪表盘灯组成照明系统;后视镜、车门锁、刮雨器及安全装置等为其他辅助装置。

(三)设备的分类

企业的机器设备种类繁多,大小不一,功能各异。为了设计、制造、使用及管理的方便,必须对设备进行分类。

1. 按机器设备的适用范围分类

(1)通用机械。指企业生产经营中广泛应用的机器设备。例如,用于制造、维修机器的各种机床,用于搬运、装卸用的起重运输机械以及用于工业和生活中的泵、风机等均属于通用机械。

(2)专用机械。指企业或行业为完成某个特定的生产环节、特定的产品而专门设计、制造的机器,它只能在特定部门和生产环节中发挥作用,不具有普遍应用的能力和价值。

2. 按设备用途分类

(1)动力机械。指用做动力来源的机械。例如,机器中常用的电动机、内燃机、蒸汽机等。

（2）金属切削机械。指对机械零件的毛坯进行金属切削加工用的机器，可分为车床、铣床、拉床、镗床、磨床、齿轮加工机床、刨床和电加工机床等。

（3）金属成型机械。指除金属切削加工机床以外的金属加工机械，如锻压机械和铸造机械等。

（4）起重运输机械。指用于在一定距离内运移货物或人的提升和搬运机械，如各种起重机、运输机、升降机和卷扬机等。

（5）工程机械。指在各种建设工程施工中，能够代替笨重体力劳动的机械与机具，如挖掘机、铲运机和路面机等。

（6）轻工机械。指轻工业设备，其范围较广，如纺织机械、食品加工机械、印刷机械、制药机械和造纸机械等。

（7）农业机械。指用于农、林、牧、副、渔业等各种生产中的机械，如拖拉机、排灌机、林业机械、牧业机械和渔业机械等。

3. 按使用性质分类

（1）生产用机械设备。指发生直接生产行为的机器设备，如动力设备、电气设备和其他生产用具等。

（2）非生产用机械设备。指企业中福利、教育部门和专设的科研机构等单位所使用的设备。

（3）租出机器设备。指按规定出租给外单位使用的机器设备。

（4）未使用机器设备。指未投入使用的新设备和存放在仓库准备安装投产或正在改造、尚未验收投产的设备。

（5）不需用设备。指已不适合本企业需要、已报上级等待处理的各种设备。

（6）租赁设备。指企业租赁的设备。

4. 按设备的工艺性质分类

机械制造企业通常将其生产设备按工艺的性质分为两大类，共十大项，如图1-2所示。

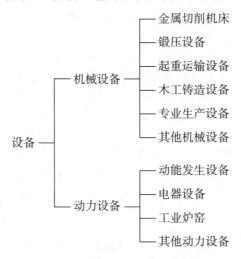

图1-2　生产设备按工艺性质的分类

(四)现代设备的特征

随着科学技术的发展及现代工业生产的要求,新的科学技术成果不断地在设备中得到推广和应用,使设备的现代化水平不断提高。现代设备特征主要体现在以下几个方面:

1. 大型化

现代工业生产的大型化、集中化导致了设备的大型化。大型设备可以提高劳动生产率,节约材料和投资,降低生产成本,同时也有利于新技术的推广和应用。目前,设备的容量、质量、功率都明显地向大型化方向发展。

如冶金行业中的高炉设备,1860年以前高炉最大容积在 300 m³ 以下;到 19 世纪末期,容量增大到 700 m³;20 世纪初期,炉容扩大到 1 000～3 000 m³;20 世纪 70 年代后,扩大到 4 000～5 000 m³;现在最大高炉容积达到 5 500 m³;日产铁水高达 12 000 t 以上,足够用来建造两座埃菲尔铁塔。

再如电力行业中的发电设备,1956 年 2 月 19 日我国第一台国产 6 000 kW 机组在安徽淮南市田家庵电厂投运,2006 年 11 月 28 日,首台 100 万千瓦超临界机组在华能浙江玉环电厂投入运行;而国外最大发电机组功率可达 130 万千瓦。

2. 机电一体化

现代科学技术的不断发展,极大地推动了不同学科的交叉与渗透,导致了工程领域的技术革命与改造。随着微电子技术、计算机科学技术、信息控制技术向机械工业的渗透,使工业生产由"机械电气化"迈入了"机电一体化"为特征的发展阶段,现代设备呈现出机电一体化的趋势。在现代企业中,数控机床、计算机集成制造系统、加工中心、机器人等高新技术设备的应用就是机电一体化的标志。

机电一体化不是机械技术、微电子技术以及其他新技术的简单组合、拼凑,而是从系统的观点出发,综合运用机械技术、微电子技术、自动控制技术、计算机技术、信息技术、传感测控技术、电力电子技术、接口技术、信息变换技术以及软件编程技术等群体技术,根据系统功能目标和优化组织目标,合理配置与布局各功能单元,在多功能、高质量、高可靠性、低能耗的意义上实现特定功能价值,并使整个系统成为最优化的系统工程技术。由此而产生的功能系统则成为一个机电一体化系统或机电一体化产品。

如数控机床、加工中心等机电一体化设备可以将车、铣、钻、镗、铰等制造过程中的不同工序集中于一台设备上按编订的程序自动顺序进行,适应了现代制造业多品种、小批量的市场需求。在加工精度上,上述设备主轴的回转精度可以达到 0.02～0.05 μm,加工零件的圆度误差小于 0.1 μm。

3. 连续化和自动化

工业生产中,设备的连续化、自动化可以提高生产效率,减轻劳动强度,达到高产、高效、低消耗的目的。例如,在煤炭生产中,综采设备将采煤、装载、支护、运输、采空区处理等不同工序连成一体,实现了连续、协调一致的综合机械化作业。

4. 高速化

高速化是指生产速度、加工速度、化学反应速度、运算速度的提高。一般说来,在工业生产中总是由速度快的设备取代速度慢的设备。例如,世界上第一台内燃机的转速仅为

156 r/min，而现代内燃机的转速高达 10 000 r/min。为适应现代工业生产需要，一些主要生产设备都在向高速化的方向发展。目前先进国家的车削和铣削的切削速度已达到 5 000～8 000 m/min 以上，机床主轴转速在 30 000 r/min（有的高达 10 万 r/min）以上；纺织工业中的气流纺纱机的转速更是高达 $10×10^4$ r/min 以上；我国自行研制的"天河一号"超级计算机的运算速度已达到每秒 1 000 万亿次。

二、设备管理

（一）设备管理的概念

现代设备所具有的特点是人类在长期生存和发展过程中，认识、改造和利用自然能力不断提高的结果，是现代科学技术进步的必然产物。但是，现代设备的出现又给企业和社会带来诸多新的问题。由于现代设备技术先进、性能高级、结构复杂、设计和制造费用高昂，购置设备需要大量投资。一般来讲，设备投资占固定资产总额的 60%～70%。同时，设备在运行使用中，还需要相当的资金进行必要的维护和保养。设备在生产使用中，一旦发生故障停机，所造成的损失，不仅体现在维修所发生的费用，更在于影响生产；一旦发生事故，后果将更加严重。由于设备从研究、设计、制造、安装调试到使用、维修、改造、报废各个环节涉及多行业、多单位、多企业，使设备的社会化程度越来越高。所有这些，都大大增加了设备管理的复杂性和难度。因此，如何管好用好设备，充分发挥其功效，这是现代企业面临的一项重大挑战。

设备管理是指以设备为研究对象，追求设备综合效率与寿命周期费用的经济性，应用一系列理论、方法，通过一系列技术、经济、组织措施，对设备的物质运动和价值运动进行全过程（从规划、设计、制造、选型、购置、安装、使用、维修、改造、报废直至更新）的科学管理。设备管理的主要目的是用技术上先进、经济上合理的装备，采取有效措施，保证设备高效率、长周期、安全、经济地运行，来保证企业获得最好的经济效益。

（二）设备管理的作用

第二次世界大战后的日本，其现代工业之所以迅速重建并发展起来，成为世界第二经济强国，与其重视设备管理密不可分。从 20 世纪 50 年代开始不久，日本引入美国的预防性维修制和生产维修制，后来又提出"全员参加的生产维修"（TPM）的设备综合管理科学，几乎每隔 10 年就进行一次重大的设备管理改革，经过 20 多年的努力，终于使设备管理跃入世界先进水平的行列。例如，日本丰田会成公司按照"全员参加的生产维修"要求，认真整顿了设备管理体制，经过 3 年的工作，结果使产量增加 60%，设备费用降低 40%。

日本的西尾泵厂在实施 TPM 之前，每月故障停机 700 多次。在 TPM 推行之后的 1982 年，已经做到无故障停机，产品质量也提高到 100 万件产品仅有 11 件次品，西尾泵厂被誉为"客厅工厂"。

日本尼桑汽车公司从 1990—1993 年推行 TPM 的几年里，劳动生产率提高 50%，设备综合效率从 TPM 前的 64.7% 提高到 82.4%，设备故障率从 1990 年的 4 740 次减少到 1993 年的 1 082 次，一共减少了 70%。

加拿大的 WTG 汽车公司自 1988 年推行 TPM，三年时间，其金属加工线每月故障停机从 10 h 降到 2.5 h，每月计划停机（准备）时间从 54 h 降到 9 h；其活动项生产线废品减少

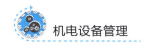

68%，人员从 12 人减到 6 人。

设备管理的重要性主要体现在以下几个方面。

1. 设备管理是企业生产经营管理的基础工作

现代企业依靠机器和机器体系进行生产，生产中各个环节和工序要求严格地衔接、配合。生产过程的连续性和均衡性主要靠机器设备的正常运转来保持。设备在长期使用中的技术性能逐渐劣化（比如运转速度降低）就会影响生产定额的完成；一旦出现故障停机，更会造成某些环节中断，甚至引起生产全线停顿。因此，只有加强设备管理，正确地操作使用，精心地维护保养，进行设备的状态监测，科学地修理改造，保持设备处于良好的技术状态，才能保证生产连续、稳定的运行。反之，如果忽视设备管理，放松维护、检查、修理、改造，导致设备技术状态严重劣化、带病运转，必然故障频繁，无法按时完成生产计划、如期交货。

2. 设备管理是企业产品质量的保证

产品质量是企业的生命，竞争的支柱。产品是通过机器生产出来的，如果生产设备特别是关键设备的技术状态不良，严重失修，必然造成产品质量下降甚至废品成堆。加强企业质量管理，就必须同时加强设备管理。

3. 设备管理是提高企业经济效益的重要途径

企业要想获得良好的经济效益，必须适应市场需要，产品物美价廉。不仅产品的高产优质有赖于设备，而且产品原材料、能源的消耗，维修费用的摊销都和设备直接相关。这就是说，设备管理既影响企业的产出（产量、质量），又影响企业的投入（产品成本），因而是影响企业经济效益的重要因素。一些有识的企业家提出"向设备要产量、要质量、要效益"，确是很有见地的，因为加强设备管理是挖掘企业生产潜力、提高经济效益的重要途径。

4. 设备管理是搞好安全生产和环境保护的前提

设备技术落后和管理不善，是发生设备事故和人身伤害的重要原因，也是排放有毒、有害的气体、液体、粉尘，污染环境的重要原因。消除事故、净化环境，是人类生存、社会发展的长远利益所在。加速发展经济，必须重视设备管理，为安全生产和环境保护创造良好的前提。

5. 设备管理是企业长远发展的重要条件

科学技术进步是推动经济发展的主要动力。企业的科技进步主要表现在产品的开发、生产工艺的革新和生产装备技术水平的提高上。企业要在激烈的市场竞争中求得生存和发展，需要不断采用新技术、开发新产品。一方面要"生产一代，试制一代，预研一代"；另一方面要抓住时机迅速投产，形成批量，占领市场。这些都要求加强设备管理，推动生产装备的技术进步，以先进的试验研究装置和检测设备来保证新产品的开发和生产，实现企业的长远发展目标。

由此可知，设备管理不仅直接影响企业当前的生产经营，而且关系着企业的长远发展和成败兴衰。作为一个置身于改革开放潮流、面向 21 世纪的企业家，必须摆正现代设备及其管理在企业中的地位，善于通过不断改善人员素质和设备素质，充分发挥设备效能来为企业创造最好的经济效益和社会效益。

第二节　设备管理的发展阶段及趋势

一、设备管理的发展阶段

在工业革命之前，人们借助简单的工具进行生产，生产规模小，技术水平低，操作工兼做修理工，谈不上设备的维修与管理。随着工业生产发展和现代设备的出现，设备管理才逐步形成了比较系统、完备的管理理论和管理模式。

设备管理的发展大体经历了四个不同的阶段。

（一）事后维修阶段

事后维修又称"坏了再修"，是指机器设备在生产工作中发生故障或损坏之后才进行维修。18世纪后期，工业生产中已开始推广使用蒸汽机、皮带车床，由此产生了设备维修问题。由于设备结构简单，修理便当，所以修理工作都由操作工兼管，而且都是在设备发生故障后才进行维修。随着工业生产的发展，结构复杂的设备大量投入使用，如汽车、火车等，修理难度越来越大，技术要求也越来越高、越来越专，操作工已无法兼顾维修工作，于是设备修理逐步从生产中分离出来，维修工人也与生产工人分开，形成独立的维修队伍，这样做既便于管理，又有利于提高工效。

事后维修能够最大限度地利用设备的零部件，提高了零部件使用的经济性，常用于修理结构简单、易于修复、利用率很低以及发生故障停机后对生产无影响或影响很小的设备。

（二）预防维修阶段

事后维修使得故障停机时间过长而无法保证设备的正常使用。尤其是社会化大生产和流水线的出现使设备对生产的影响越来越大，任何一台主要设备或主要生产环节出现故障都会造成巨大的损失，特别是在流程式生产的企业中，突发性故障造成的直接及间接损失更是难以估量。在这种条件下，出现了为防止突发故障而对设备进行预先修理的"预防性"修理模式，即预防维修模式。

预防维修制有两大体系，分别是苏联的"计划预修制"及美国的"预防维修制"。

1. 计划预修制

为了防止生产设备的意外故障，应按照预定的计划进行一系列预防性修理。其目的是保障设备正常运行和良好的生产能力，减少和避免设备因不正常的磨损、老化和腐蚀而造成的损坏，延长设备使用寿命，充分发挥设备潜力。

计划预修制规定：设备在经过规定的运行时间以后，要进行预防性的定期检查、调整和各类计划修理。计划预修制中，各类不同设备的保养、修理周期、周期结构和间隔是确定的。在这个规定的基础上，组织实施预防性的定期检查、保养和修理。

计划预修制是以设备的磨损规律为基础制定的。按照计划预修制的理论，影响设备修理工作量的主要因素是设备的开动台时，合理的开动台时是预防性维修的依据。一系列定期检查、小修、中修和大修等组成的"修理周期结构"以及计算各种修理消耗定额的"修理复杂系数"构成了计划预修制的两大基础。计划预修制显然可以减少或避免设备故障的偶然性、意外性和自发性，不足之处在于片面强调定期修理而忽视了设备的实际状态，往往导致设备使用的前、后期分别出现维修过剩及维修不足的现象；只注重专业人员对维修的作用而忽视操作人员的参与，导致修理与维护、保养的失调。

2. 预防维修制

美国预防维修制的基本内涵是对设备故障采取"预防为主"的方针，加强设备使用时的维护保养，在设备发生故障前进行预防性维修，以减少故障停机产生的直接及间接损失。

预防维修制以设备的日常检查和定期检查为基础并据此确定修理内容、方式和时间，由于没有严格规定的修理周期，因而有较大的灵活性。但是在实施过程中也出现了由于日常检查及例行检查过于频繁而导致的维修费用过大的问题。于是出现了将预防维修与事后维修结合起来的"生产维修制"，即对主要生产设备实施预防维修，一般设备则实施事后维修，既减少了故障停机损失，又降低了用于维修的费用，取得了良好的维修经济性。

与事后维修相比，预防维修优点在于：按计划进行预防维修，减少了故障停机造成的损失，避免了设备恶性事故的发生；设备的维修计划是预先制定的，不会造成对生产计划的冲击和干扰。

（三）设备系统管理阶段

随着科学技术的发展，尤其是宇宙开发技术的兴起，以及系统理论的普遍应用，1954年，美国通用电气公司提出了"生产维修"的概念，强调要系统地管理设备，对关键设备采取重点维护政策，以提高企业的综合经济效益。其主要内容有：

（1）对维修费用低的寿命型故障，且零部件易于更换的，采用定期更换策略。

（2）对维修费用高的偶发性故障，且零部件更换困难的，运用状态监测方法，根据实际需要，随时维修。

（3）对维修费用十分昂贵的零部件，应考虑无维修设计，消除故障根源，避免发生故障。

20世纪60年代末期，美国企业界又提出设备管理"后勤学"的观点，它是从制造厂作为设备用户后勤支援的要求出发，强调对设备的系统管理。设备在设计阶段就必须考虑其可靠性、维修性及其必要的后勤支援方案。设备出厂后，要在图样资料、技术参数、检测手段、备件供应以及人员培训方面为用户提供良好的、周到的服务，以使用户达到设备寿命周期费用最经济的目标。

日本首先在汽车工业和家电工业提出了可靠性和维修性观点，以及无维修设计和无故障设计的要求。至此，设备管理已从传统的维修管理转为重视先天设计和制造的系统管理，设备管理进入了一个新的阶段。

（四）设备综合管理阶段

体现设备综合管理思想的两个典型代表是"设备综合工程学"和"全员生产维修制"。

1. 设备综合工程学

由英国1971年提出的"设备综合工程学"是以设备寿命周期费用最经济为设备管理目标。对设备进行综合管理，紧紧围绕四方面内容展开工作：

（1）以工业管理工程、运筹学、质量管理、价值工程等一系列工程技术方法，管好、用好、修好、经营好机器设备。对同等技术的设备，认真进行价格、运转、维修费用、折旧、经济寿命等方面的计算和比较，把好经济效益关。建立和健全合理的管理体制，充分发挥人员、机器和备件的效益。

（2）研究设备的可靠性与维修性。无论是新设备设计还是老设备改造，都必须重视设备的可靠性和维修性问题，因为提高可靠性和维修性可减少故障和维修作业时间，达到提高设备有效利用率的目的。

（3）以设备的一生为研究和管理对象，即运用系统工程的观点，把设备规划、设计、制造、安装、调试、使用、维修、改造、折旧和报废一生的全过程作为研究和管理对象。

（4）促进设备工作循环过程的信息反馈。设备使用部门要把有关设备的运行记录和长期经验积累所发现的缺陷，提供给维修部门和设备制造厂家，以便他们综合掌握设备的技术状况，进行必要的改造或在新设备设计时进行改进。

2. 全员生产维修制

20 世纪 70 年代初期，日本推行的"全员生产维修制"是一种全效率、全系统和全员参加的设备管理和维修制度。它以设备的综合效率最高为目标，要求在生产维修过程中，自始至终做到优质高产低成本，按时交货，安全生产无公害，操作人员精神饱满。

"全系统"是对设备寿命周期实行全过程管理，从设计阶段起就要对设备的维修方法和手段予以认真考虑，既抓设备前期阶段的先天不足，又抓使用维修和改造阶段的故障分析，达到排除故障的目的。

"全员参加"是指上至企业最高领导，下到每位操作人员都应参加生产维修活动。

在设备综合管理阶段，设备维修的方针是：建立以操作工点检为基础的设备维修制；实行重点设备专门管理，避免过剩维修；定期检测设备的精度指标；注意维修记录和资料的统计及分析。

综合管理是设备管理现代化的重要标志。其主要表现有：

（1）设备管理由低水平向制度化、标准化、系列化和程序化发展。1987 年国务院正式颁布了《全民所有制工业交通企业设备管理条例》（简称《设备管理条例》），使设备管理达到"四化"有了方向和依据。

（2）由设备定期大小修、按期按时检修，向预知检修、按需检修发展。状态监测技术、网络技术、计算机辅助管理在许多企业得到了应用。

（3）由不讲究经济效益的纯维修型管理，向修、管、用并重，追求设备一生最佳效益的综合型管理发展。实行设备目标管理，重视设备可靠性、维修性研究，加强设备投产前的前期管理和使用中的信息反馈，努力提高设备折旧、改造和更新的决策水平以及设备的综合经济效益。

（4）由单一固定型维修方式，向多种维修方式、集中检修和联合检修发展。设备维修从企业内部走向了社会，从封闭式走向开放式、联合式，这是设备管理现代化的一个必然趋势。

（5）由单纯行政管理向运用经济手段管理发展。随着经济承包责任制的推广，运用经济杠杆代替单靠行政命令，按章办事的设备管理方法正在大多数企业推行。

（6）维修技术向新工艺、新材料、新工具和新技术发展。如热喷涂、喷焊、堆焊、电刷镀、化学堵漏技术，废渣、废水利用新工艺，以及防腐蚀、耐磨蚀新材料，得到了广泛应用。

二、现代设备管理的趋势

随着工业化、经济全球化、信息化的发展，机械制造、自动控制等出现了新的突破，使企业设备的科学管理出现了新的趋势，这一新趋势主要表现在以下方面。

（一）设备管理全员化

所谓设备管理全员化，就是以提高设备的全效率为目标，建立以设备一生为对象的设备管理系统，实行全员参加管理的一种设备管理与维修制度。其主要内容包括：

1. 设备的全效率

设备的全效率指在设备的一生中，为设备耗费了多少，从设备那里得到了多少，其所得与所费之比，就是全效率。

设备的全效率，就是以尽可能少的寿命周期费用来获得产量高、质量好、成本低、按期交货、无公害安全生产等的成果。

2. 设备的全系统

（1）设备实行全过程管理。

以往的设备管理部门往往只注重设备的后半生管理，而忽视了设备的前半生管理，这样设备一生的最佳效益就没有充分发挥出来，根据设备的生命周期理论，要做到对设备的有效、经济管理，就必须对设备实行全过程管理，这也是现代化设备发展规律的客观要求。

全过程就是要求对设备的先天阶段（前半生）和后天阶段（后半生）进行系统管理。如果设备先天不足，即研究、设计、制造上有缺陷，单靠后天的维修也无济于事。因此，应该把设备的整个寿命周期，包括规划、设计、制造、安装、调试、使用、维修、改造直到报废、更新等的全过程作为管理对象，打破传统设备只集中在使用过程的维修管理上的做法。

对设备实行全过程管理的目的就是要克服两个脱节：

① 设备的前半生管理与后半生管理的脱节：加强设备制造（包括研发）单位与使用单位之间的横向联系，并进行信息反馈。

② 设备后半生内部各环节之间的脱节：加强设备使用单位内部各部门之间的协调、联系、配合，明确分工协作关系，共同把设备管理好。

（2）设备采用的维修方法和措施系统化。

在设备的研究设计阶段，要认真考虑预防维修，提高设备的可靠性和维修性，尽量减少维修费用；在设备使用阶段，采用以设备分类为依据，以点检为基础的预防维修和生产维修。

对那些重复性发生故障的部位，针对故障发生的原因采取改善维修，以防止同类故障的再次发生。这样，就形成了以设备一生作为管理对象的完整的维修体系。

3. 全员参加

全员参加指发动企业所有与设备有关的人员都来参加设备管理。

（1）纵的方面：从企业最高领导到生产操作人员，全都参加设备管理工作，其组织形式是生产维修小组。

（2）横的方面：把凡是与设备规划、设计、制造、使用、维修等有关部门都组织到设备管理中来，分别承担相应的职责，具有相应的权利。

（二）设备管理的信息化

设备管理的信息化应该是以丰富、发达的全面管理信息为基础，通过先进的计算机和通信设备及网络技术设备，充分利用社会信息服务体系和信息服务业务为设备管理服务。设备管理的信息化是现代社会发展的必然趋势。设备管理信息化趋势的实质是对设备实施全面的信息管理，主要表现在：

1. 设备投资评价的信息化

企业在投资决策时，一定要进行全面的技术经济评估，设备管理的信息化为设备的投资评估提供了一种高效、可靠的途径。通过设备管理信息系统的数据库获得投资多方案决策所需的统计信息及技术经济分析信息，为设备投资提供全面、客观的依据，从而保证设备投资决策的科学化。

2. 设备经济效益和社会效益评估的信息化

设备信息系统的构建，可以积累设备使用的有关经济效益和社会效益评价的信息，利用计算机能够短时间内对大量信息进行处理，提高设备效益评价的效率，为设备的有效运行提供科学的监控手段。

3. 设备使用的信息化

信息化管理使得设备使用的各种信息的记录更加容易和全面，这些使用信息可以通过设备制造商的客户关系管理反馈给设备制造厂家，提高机器设备的实用性、经济性和可靠性。同时设备使用者通过对这些信息的分享和交流，有利于强化设备的管理和使用。

（三）设备维修专业化、网络化

传统的维修组织方式已经不能满足生产的要求，所以有必要建立一种社会化、专业化、网络化的维修体制。设备管理的社会化、专业化、网络化的实质是建立设备维修供应链，改变过去大而全、小而全的生产模式。随着生产规模化、集约化的发展，设备系统越来越复杂，技术含量也越来越高，维修保养需要各类专业技术和建立高效的维修保养体系，才能保证设备的有效运行，并提高设备的维修效率，减少设备使用单位备品配件的储存及维修人员，从而提高了设备使用效率，降低资金占用率。

（四）设备系统自动化、集成化

现代设备的发展方向是自动化和集成化。由于设备系统越来越复杂，对设备性能的要求也越来越高，因而势必提高对设备可靠性的要求。可靠性是一门研究技术装备和系统质量指标变化规律的科学，并在研究的基础上制定能以最少的时间和费用，保证所需的工作寿命和零故障率的方法。可靠性科学在预测系统的状态和行业的基础上建立选取最佳方案的理论，保证所要求的可靠性水平。

可靠性标志着机器在其整个使用周期内保持所需质量指标的性能。不可靠的设备显然不能有效工作，因为无论是由于个别零部件的损伤，还是技术性能降到允许水平以下而造成停机，都会带来巨大的损失，甚至灾难性后果。

可靠性工程通过研究设备的初始参数在使用过程中的变化，预测设备的行为和工作状态，进而估计设备在使用条件下的可靠性，从而避免设备意外停止作业或造成重大损失和灾难性事故。

（五）设备故障维修预防为先化

1. 应用状态监测和故障诊断技术

设备状态监测技术是指通过监测设备或生产系统的温度、压力、流量、振动、噪声、润滑油黏度与消耗量等各种参数，与设备生产厂家的数据相比，分析设备运行的好坏，对机组故障作早期预测，分析诊断与排除，将事故消灭在萌芽状态，降低设备故障停机时间，提高设备运行可靠性，延长机组运行周期。

设备故障诊断技术是一种了解和掌握设备在使用过程的状态，确定其整体或局部是否正常，早期发现故障及其原因，并能预测故障发展的趋势。

随着科学技术与生产的发展，机械设备工作强度不断增大，生产效率、自动化程度越来越高，同时设备更加复杂，各部分的关联越加密切，往往某处微小故障就会引发连锁反应，导致整个设备乃至与设备有关的环境遭受灾难性的毁坏，不仅造成巨大的经济损失，而且会危及人身安全，后果极为严重。采用设备状态监测技术和故障诊断技术，就可以事先发现故障，避免发生较大的经济损失和事故。

2. 由定期维修转向预知维修

设备的预知维修管理是企业设备科学管理发展的方向，为减少设备故障，降低设备维修成本，防止生产设备的意外损坏，通过状态监测技术和故障诊断技术，在设备正常运行的情况下，进行设备整体维修和保养。通过预知维修，降低事故度，使设备在最佳状态下正常运转，这是保证生产按预定计划完成的必要条件，也是提高企业经济效益的有效途径。

预知维修的发展是和设备管理的信息化、设备状态监测技术、故障诊断技术的发展密切相关的。预知维修需要的大量信息是由设备管理信息系统提供的，通过对设备的状态监测，得到关于设备或生产系统的温度、压力、流量、振动、噪声、润滑油黏度与消耗量等各种参数，由专家系统对各种参数进行分析，进而实现对设备的预知维修。

第三节　设备管理的任务及基本内容

一、设备管理的主要任务

在 1987 年 7 月国务院发布的《设备管理条例》中，明确规定了设备管理的四项主要任务。

（一）保持设备完好

要通过正确使用、精心操作、适当检修使设备保持完好状态，随时可以适应企业经营的需要投入正常运行，完成生产任务。设备完好一般包括：设备零部件、附件齐全，运行正常；设备性能良好，加工精度、动力输出符合标准；原材料、燃料、能源、润滑油耗正常等三个方面的内容。行业、企业应制定关于完好设备的具体标准，使操作人员和维修人员有章可循。

(二) 改善和提高技术装备素质

技术装备素质是指设备的工艺适用性、质量稳定性、运行可靠性、技术先进性、机械化和自动程度等方面，因此，企业需不断对设备进行更新改造和技术换代，以不断满足企业生产发展的需求。

(三) 充分发挥设备效能

设备效能是指设备的生产效率和功能。它不仅包括单位时间内设备生产能力的大小，也包含适应多品种生产的能力。

(四) 取得良好的投资效益

设备投资效益是指设备一生的产出与其投入之比。取得良好的设备投资效益，是提高经济效益为中心的方针在设备管理工作中的体现，也是设备管理的出发点和落脚点。

提高设备投资效益的根本途径在于推行设备的综合管理。首先要有正确的投资决策，采用优化的设备购置方案。其次在寿命周期的各个阶段，一方面加强技术管理，保证设备在使用阶段充分发挥效能，创造最佳的产出；另一方面加强经济管理，实现最经济的寿命周期费用。

二、设备管理的基本内容

企业设备管理组织应在以下方面有效地履行自己的职能。

(一) 设备的目标管理

作为企业生产经营中的一个重要环节，设备管理工作应根据企业的经营目标来制定本部门的工作目标。企业需要提高生产能力时，设备管理部门就应该通过技术改造、更新、增加设备或强化维修、加班加点等方式满足生产能力提高的需要。对于维修工作来说，其目标就是制定适合企业生产经营目标的设备有效度（或者说设备可利用率）指标，而根据具体的有效度指标又应制定具体的可靠度和维修度指标以保证企业目标的实现。

(二) 设备资产的经营管理

设备资产的经营管理包括：对企业所有在册设备进行编号、登记、设卡、建账，做到新增有交接，调用有手续，借出、借（租）入有合同，盈亏有原因，报废有鉴定；对闲置设备通过市场及时进行调剂，一时难以调剂的要封存、保养，减少对资金的占用；做好有关设备资产的各种统计报表；对设备资产要进行定期和不定期的清查核对，保证有账、有卡、有物，账面与实际相符。对设备资产实行有偿使用的企业在搞好资产经营的同时，还要确保设备资产的保值增值。

(三) 设备的前期管理

设备的前期管理又称设备规划工程，是指从制定设备规划方案起到设备投产止这一阶段全部活动的管理工作，包括设备的规划决策、外购设备的选型采购和自制设备的设计制造，设备的安装调试和设备使用的初期管理四个环节。其主要内容包括：设备规划方案的调研、制定、论证和决策；设备货源调查及市场情报的搜集、整理与分析；设备投资计划及费用预算的编制与实施程序的确定；自制设备的设计方案的选择和制造；外购设备的选型、订货及合同管理；设备的开箱检查、安装、调试运转、验收与投产使用，设备初期使用的分析、评价和信息反馈等。做好设备的前期管理工作，为进行设备投产后的使用、维修、更新改造等管理工作奠定了基础，创造了条件。

（四）设备的状态管理

设备的状态是指其技术状态，包括性能、精度、运行参数、安全、环保、能耗等所处的状态及其变化情况。设备状态管理的目标就是保证设备的正常运转，包括设备的使用、检查、维护、检修、润滑等方面的管理工作。严格执行日常保养和定期保养制度，确保设备经常保持整齐、清洁、润滑良好、安全经济运行。对所有使用的仪器、仪表和控制装置必须按规定周期进行校验，保证灵敏、准确、可靠。积极推行故障诊断和状态监测技术，按设备状态合理确定检修时间和检验制度。

（五）设备的润滑管理

润滑工作在设备管理中占有重要的地位，是日常维护工作的主要内容。企业应设置专人（大型企业应设置专门机构）对润滑工作进行专责管理。

润滑管理的主要内容是建立各项润滑工作制度，严格执行定人、定质、定量、定点、定期的"五定"制度；编制各种润滑图表及各种润滑材料申请计划，做好换油记录；对主要设备建立润滑卡片，根据油质状态监测换油，逐步实行设备润滑的动态管理；组织好润滑油料保管、废油回收利用工作等。

（六）设备的计划管理

设备的计划管理包括各种维护、修理计划的编制和实施，主要有以下几方面的内容：根据企业生产经营目标和发展规划，编制各种修理计划和更新改造规划并组织实施；制定设备管理工作中的各项流程，明确各级人员在流程实施中的责任；制定有关设备管理的各种定额和指标及相应的统计、考核方法；建立和健全有关设备管理的规章、制度、规程及细则并组织贯彻执行。

（七）设备的备件管理

备件管理工作的主要内容涉及组织好维修用备品、配件的购置、生产、供应。做好备品配件的库存保管，编制备件储备定额，保证备件的经济合理储备。采用新技术、新工艺对旧备件进行修复翻新工作。

（八）设备的财务管理

设备的财务管理主要涉及设备的折旧资金、维修费用、备件资金、更新改造资金等与设备有关的资金的管理。从综合管理的观点来看，设备的财务管理应包括设备一生全过程的管理，即设备寿命周期费用的管理。

（九）设备的信息管理

设备的信息管理是设备现代化管理的重要内容之一。设备信息管理的目标是在最恰当的时机，以可接受的准确度和合理的费用为设备管理机构提供信息，使企业设备管理的决策和控制及时、正确，使设备系统资源（人员、设备、物资、资金、技术方法等）得以充分利用，保证企业生产经营目标的实现。设备信息管理包括各种数据、定额标准、制度条例、文件资料、图纸档案、技术情报等，大致可分为以下几类：

（1）设备投资规划信息。例如设备更新、改造方案的经济分析，设备投资规划的编制，设备更新改造实施计划的管理，设备订货合同的管理，设备库管理等。

（2）资产和备件信息。例如设备清单，设备资产统计报表，设备折旧计算，设备固定资产创净产值率，备件库存率等。

（3）设备技术状态信息。例如设备有效度，故障停机率，设备事故率，设备完好率等。

（4）修理计划信息。例如大修理计划完成率，大修理质量返修率，万元产值维修费用，单位产品维修费用，维修费用强度，外委维修费用比等。

（5）人员管理信息。例如人均设备固定资产价值，维修人员构成比，维修人员比例，各类设备管理人员名册及各类统计报表等。

（十）设备的节能环保管理

近年来，随着国家对能源及环保问题的重视，企业大都设置了专门的节能及环保机构对节能和环保工作进行综合管理。设备管理部门在对生产及动力设备进行"安全、可靠、经济、合理、环保"管理的同时，还应配合其他职能部门共同做好节能和环保工作，其范围包括：贯彻国家制定的能源及环保方针、政策、法令和法规，积极开展节能及环保工作；制定、整顿、完善本企业的能源消耗及环保排放定额、标准；制定各项能源及环保管理办法及管理制度；推广节能及环保技术，及时对本企业高能耗及高排放的设备进行更新和技术改造。

第四节　设备管理的组织形式

企业的组织形式是指企业进行生产经营活动所采取的组织方式或结构形态。设备管理是企业管理的一项重要内容，其工作职能的履行是通过健全而高效的组织机构来保证。设备管理组织的设置是一个十分复杂的问题，不仅要考虑到企业的生产规模、经营方式、生产类型、设备拥有量及技术装备水平、生产工艺性质、企业管理水平及管理者的素质等内部因素，此外，全社会生产的社会化协作及专业化程度也是必须予以考虑的外部因素。

一、设备管理组织机构设置的原则

一般说来，设备管理组织机构的设置应遵循以下原则：

（一）精简的原则

组织机构的设置要力求高效、精干。而要做到这一点，关键是要提高管理人员的业务水平和管理能力。在配备、选择管理人员时要做到人尽其才，使其在分管的工作范围内充分发挥自己的才干，高效率地完成所分管的工作。高效的前提是精干，在设置设备管理组织机构时应注意以下问题：

（1）要因事设职，因职设人，而不能因人设事。机构的设置和人员的配备应基于企业生产经营目标的需要，力求精兵简政，以达到组织机构设置的合理化。

（2）减少管理层次，精简机构和人员，以减少管理费用的支出。

（3）建立有效的信息传递渠道，使上情下达、下情上达、外情内达，搞好机构内外的配合及协调关系。

(二) 统一领导、分级管理的原则

统一领导是组织理论的一项重要原则，企业各部门、各环节的组织机构必须是一个有机结合的统一的组织体系。在此体系中，各层次的机构形成一条职责、权限分明的等级链，不得越级指挥和管理。指挥者和执行者各负其责，自上而下地逐级负责，层层负责，保证生产经营任务的顺利完成。

在我国企业内部的设备管理工作，是在厂长（或经理）领导下〔一般是由主管设备的副厂长（或副经理）〕统一指挥。企业内部各级设备管理组织，要按设备副厂长（或副经理）统一部署开展各项活动，并协同动作，相互配合，以保证企业设备管理系统能够正常、有序地进行工作。统一领导要与分级管理相结合。各级设备管理组织在规定职权范围内处理有关的管理业务，并承担一定的经济责任，这不仅可以调动各级设备管理组织的积极性，还可以使设备副厂长（或副经理）集中精力研究和解决重大问题。

(三) 分工与协作统一的原则

管理机构的设置要有合理的分工，还要注意相互协作，相互配合。要根据管理业务的不同进行适当的分工，划清职责范围，提高管理专业化程度和工作效率。由于各项管理工作之间存在着内在的联系，因此各级管理组织之间和内部各职能人员之间在分工的基础上还必须加强协作，相互配合。在分工方面各层次、各机构、每个人的任务必须加以明确，并作为工作内容固定下来，避免出现一些边缘业务名为共同负责，实则无人问津的局面。

(四) 责权统一的原则

对各级管理人员应贯彻责权统一的原则，其职责应与职权相互对应，负什么样的职责，就应当有什么样的职权，否则便谈不上负责。对上级来说，必须对下级有一个正确的授权问题，即职责不可能大于也不应小于所授予的职权；对下级来说，就不能拥有职责范围外的更多职权。

有职无权和有权无责都是违背责权统一原则的。产生有职无权的主要原因是上级要求下属对工作结果承担责任而又没有给予相应的权力。产生有权无责的原因则是不规定或不明确严格的职责范围，规定的职责含糊不清，没有明确法律上、道义上、经济上应承担的义务。

二、设备管理组织机构的形式及特点

组织机构的管理形式，是指组织机构按部门划分和按层次划分，组成纵横交错关系的组织管理形式。这种管理形式除受上述因素影响外，还与企业的所有制形式有关。而且管理形式是随着企业发展和管理科学化、现代化的发展而发生变化的。目前在企业中常见的组织机构管理形式有以下几种。

(一) 直线制形式

直线制是最原始，也是最简单的一种组织形式。直线制的特点是组织中的各种职位均按垂直系统直线排列，不存在管理上的职能分工，任何级别的管理人员均不受同一级别的指挥。直线制组织结构如图1-3所示。

直线制结构的优点：结构简单，指挥系统清晰、统一；责权关系明确；横向联系少，内部协调容易；信息沟通迅速，解决问题及时，管理效率高。其缺点：组织结构缺乏弹性，组

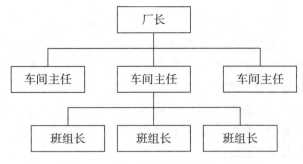

图 1-3　直线制组织结构

织内部缺乏横向交流；缺乏专业化分工，不利于管理水平的提高；经营管理事务仅依赖于少数几个人，要求企业领导人必须是经营管理全才，但这是很难做到的，尤其是在企业规模扩大时，管理工作会超过个人能力所能承受的限度，不利于集中精力研究企业管理的重大问题。因此，直线制组织结构的适用范围是有限的，它只适用于那些规模较小或业务活动简单、稳定的企业。

（二）职能制形式

职能制是在企业主管领导下设置专业职能部门和人员，将相应的管理职责和权力交给职能部门，各职能部门在本职范围内都有权直接指挥下级部门。职能制组织结构如图 1-4 所示。

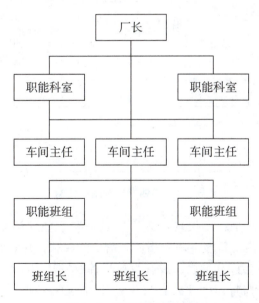

图 1-4　职能制组织结构

职能制结构的优点是：提高了企业管理的专业化程度和专业化水平；由于每个职能部门只负责某一方面的工作，可充分发挥专家的作用，对下级的工作提供详细的业务指导；由于吸收了专家参与管理，直线领导的工作负担得到了减轻，从而有更多的时间和精力考虑组织的重大战略问题；有利于提高各职能专家自身的业务水平；有利于各职能管理者的选拔、培训和考核的实施。

职能制结构的不足包括：多头领导，政出多门，不利于集中领导和统一指挥，造成管理混乱，令下属无所适从；直线人员和职能部门责权不清，彼此之间易产生意见分歧，互相争名夺利，争功诿过，难以协调，最终必然导致功过不明，赏罚不公，责、权、利不能很好地统一起来；机构复杂，增加管理费用，加重企业负担；由于过分强调按职能进行专业分工，各职能人员的知识面和经验较狭窄，不利于培养全面型的管理人才；这种组织形式决策慢，不够灵活，难以适应环境的变化。因此职能制结构只适用于计划经济体制下的企业，必须经过改造才能应用于市场经济下的企业。

（三）直线职能制

直线职能制是从上述两种组织形式中发展起来的。这种组织形式将管理机构和人员分为两类：一类是直线指挥机构和人员，他们有对下级机构发布指令的权力，同时对该组织的工作全面承担责任；另一类是职能管理机构和人员，他们是直线领导的参谋，只能给领导充当业务助手，不能对下级组织直接下达指令。直线职能制组织结构如图1-5所示。

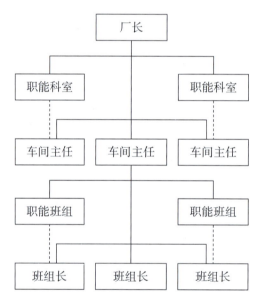

图1-5 直线职能制组织结构

直线职能制的主要特点是：厂长（经理）对业务和职能部门均实行垂直式领导，各级直线管理人员在职权范围内对直接下属有指挥和命令的权利，并对此承担全部责任；职能管理部门是厂长（经理）的参谋和助手，没有直接指挥权，其职能是向上级提供信息和建议，并对业务部门提供指挥和监督，因此，它与业务部门的关系只是一种指导关系，而非领导关系。

直线职能制是一种集权和分权相结合的组织结构形式，它在保留直线制统一指挥优点的基础上，引入管理工作专业化的做法，因此，既保证统一指挥，又发挥职能管理部门的参谋指导作用，弥补领导人员在专业管理知识和能力方面的不足，协助领导人员决策。

直线职能制是一种有助于提高管理效率的组织结构形式，在现代企业中适用范围比较广泛。但是随着企业规模的进一步扩大，职能部门也将会随之增多，于是各部门之间的横向联系和协作将变得更加复杂和困难。加上各业务和职能部门都须向厂长（经理）请示、汇报，使其无法将精力集中于企业管理的重大问题。当设立管理委员会，制定完善的协调制度等改良措施都无法解决这些问题时，企业组织结构就面临着倾向于更多分权的改革问题。

（四）矩阵式组织结构

矩阵式组织结构由两套管理系统组成。当企业为完成某项任务或目标时，可以从直线职能制的纵向职能系统中抽调专业人员组成临时或较长期的工作班子，由这个工作班子进行横向系统联系，协同各有关部门的活动，工作班子有权指挥参与规划的工作人员。工作班子成员接受纵、横系统的双重领导而以横向系统为主，任务完成后便回各自原单位。矩阵式组织结构中根据不同的管理职能，按专业化分工的原则分别设置的纵、横管理系统突出了专业化管理的优势；通过上级机构的授权可以有较多的决策权限；管理的专业化可以提高决策的科学性；专业职能部门参与决策过程可以减轻高层领导的工作负担；下级部门与高层的直接接触可以对其产生激励作用。其不足之处在于过多的信息与交流将加大成本与决策时间；管理人员过多；参与决策层面过多将导致协调与决策的困难。

现代企业组织结构正在从金字塔形向大森林形转变。所谓金字塔形就是从结构上层层向上，逐渐缩小，有严格的等级制度，形成一种纵向体系；大森林形则是减少管理层次，形成同一层次的管理组织之间相互平等，横向联系密切，像大森林一样形成横向体系。

练习与思考

一、填空题

1. 在我国，只有具备直接或间接参与改变_____的形态和性质，并在长期使用中基本保持其原有实物形态的_____才被看做设备。
2. 一台完整的机器一般由_____、_____、_____、_____和_____组成。
3. 现代设备特征主要体现在_____、_____、_____和_____等方面。
4. 在1987年7月国务院发布的《设备管理条例》中明确规定了设备管理的四项主要任务，它们是_____、_____、_____和_____。
5. 设备管理是指以_____为研究对象，追求设备综合效率与_____的经济性，应用一系列理论、方法，通过一系列技术、经济、组织措施，对设备的_____和_____进行全过程（从规划、设计、制造、选型、购置、安装、使用、维修、改造、报废直至更新）的科学管理。
6. 预防维修制有两大体系，分别是苏联的_____及美国的_____。
7. 日本推行的"全员生产维修制"，是一种_____、_____和_____的设备管理和维修制度。
8. 目前在企业中常见的组织机构管理形式有_____、_____、_____和_____。

二、选择题

1. 设备是企业（　　）的重要组成部分。
   A. 流动资产　　　B. 固定资产　　　C. 无形资产　　　D. 低值易耗品
2. 以汽车为例，发动机（汽油机或柴油机）是汽车的（　　）；离合器、变速箱、传动轴和差速器组成（　　）；车轮、悬挂系统及底盘（包括车身）是（　　）；后视镜、车门锁、刮雨器及安全装置等为（　　）。

  A. 动力部分   B. 传动部分   C. 执行部分   D. 控制部分

  E. 辅助部分

3. 车床、铣床、拉床、镗床属于（　　）。

  A. 工程机械   B. 金属切削机械 C. 金属成型机械 D. 轻工机械

4. 某高炉大型风机运行时经检查发现轴向振动有加大的趋势，检修部门计划在下月高炉停产时安排对风机进行停机检修，排除故障，该检修模式属于（　　）。

  A. 事后维修   B. 计划预修制

  C. 预防维修制   D. 全员生产维修制

5. 直线制组织管理形式的特点是（　　）。

  A. 以直线为基础

  B. 在各级主要负责人下设置相应的职能部门

  C. 从事专业管理

  D. 参谋作用

  E. 每个职能人员都有权指挥

6. 以下（　　）属于设备管理的职能范畴。

  A. 对产品进行质量检验   B. 制定生产工艺流程

  C. 对设备进行更新改造   D. 对设备进行检查及故障诊断

  E. 对设备进行维修   F. 对设备进行润滑

三、简答题

1. 简述设备、设备管理的基本概念。
2. 设备管理的重要性主要体现在哪些方面？
3. 简述设备管理的发展阶段及其特点。
4. 设备管理的基本内容有哪些？

第二章

设备资产管理

随着经济的快速发展，特别是进入WTO后，我国企业面临着更加激烈的竞争。固定资产是表征企业实力的主要指标，也是国民经济发展的重要物质基础。加强固定资产管理有利于企业技术配置和国民经济资源配置的合理化，对于提高企业经济效益乃至国民经济整体效益有着重大意义。因此，对企业固定资产进行科学的管理，实现资产投资收益的最大化，已是现代企业管理的重点所在。加强企业的固定资产管理，对于保证固定资产安全完整，提高企业的生产能力，推动技术进步，提高企业经济效益，都具有重要意义。

设备资产管理的主要内容包括生产设备的分类与资产编号、设备资产基础资料的管理、设备资产的实物管理、设备资产的价值管理、设备资产的评估管理等。

第一节 固定资产的基本概念

一、固定资产的特征

现代企业的投资首先是固定资产的投资。固定资产不仅是企业生产经营过程中的重要劳动资料和物质基础，更是企业技术装备水平的重要标志。固定资产的价值在企业全部资产中占有相当大的比重，是决定企业素质和效益的基本要素。因此，固定资产管理在整个资产管理中占有十分重要的地位。

固定资产的所谓"固定"，并不是指资产地理位置固定不变，而是指这种资产能在较长时期内，在反复地参加许多次的生产过程中，能保持着固定的实物形态。所以，位置不变的厂房、建筑物、铁路、高炉、道路等固然是固定资产，而不但变更位置，又不断处于生产过程中的车辆、船舶也是固定资产。没有生命的劳动资料固然是固定资产，农业生产中的役畜、种畜、奶牛等动物同样也是固定资产。

马克思曾对固定资产的概念进行了探讨。他认为劳动资料成为固定资产的条件有两个：一是它在生产流通过程中起作用，即只有当劳动手段投入生产时，才能成为固定资产；二是它与产品分开，并在生产产品过程中相对保持原有的实物形态。尽管马克思给出的固定资产定义是针对资本主义生产过程得来的，但对社会主义也是适用的。

2006年2月我国财政部颁布的《企业财务通则》中规定，固定资产是指同时具备下列特征的有形资产。

（一）为生产商品、提供劳务、出租或经营管理而持有

企业持有固定资产的目的是为了生产商品、提供劳务、出租或经营管理，即企业持有的

固定资产是企业的劳动工具或手段，而不是用于出售的产品。其中"出租"的固定资产，是指企业以经营租赁方式出租的机器设备类固定资产，不包括以经营租赁方式出租的建筑物，后者属于企业的投资性房地产，不属于固定资产。

（二）使用寿命超过一个会计年度

固定资产的使用寿命，是指企业使用固定资产的预计期间，或者该固定资产所能生产产品或提供劳务的数量。通常情况下，固定资产的使用寿命是使用固定资产的预计期间，比如自用房屋建筑物的使用寿命表现为企业对该建筑物的预计使用年限。对于某些机器设备或运输设备等固定资产，其使用寿命表现为以该固定资产所能生产产品或提供劳务的数量，例如，汽车或飞机等，按其预计行驶或飞行里程估计使用寿命。

固定资产使用寿命超过一个会计年度，意味着固定资产属于非流动资产，随着使用和磨损，通过计提折旧方式逐渐减少账面价值。对固定资产计提折旧，是对固定资产进行后续计量的重要内容。

（三）固定资产是有形资产

固定资产具有实物特征，这一特征将固定资产与无形资产区别开来。有些无形资产可能同时符合固定资产的其他特征，如无形资产为生产商品、提供劳务而持有，使用寿命超过一个会计年度，但是其没有实物形态，所以不属于固定资产。

新标准取消了《企业会计制度》固定资产单位价值在 2 000 元以上的限制性规定，充分体现了实质重于形式的基本原则。实务中企业应根据不同固定资产的性质和消耗方式，结合本企业的经营管理特点，合理确定价值判断标准。

二、固定资产的确认条件

2006 年 2 月我国财政部颁布的《企业财务通则》中规定，固定资产必须同时具备以下条件才能予以确认。

（一）与该固定资产有关的经济利益很可能流入企业

资产最重要的特征是预期会给企业带来经济利益。企业在确认固定资产时，需要判断与该项固定资产有关的经济利益是否很可能流入企业。如果与该项固定资产有关的经济利益很可能流入企业，并同时满足固定资产确认的其他条件，那么企业应将其确认为固定资产；否则，不应将其确认为固定资产。

在实务中，判断与固定资产有关的经济利益是否很可能流入企业，主要判断与该固定资产所有权相关的风险和报酬是否转移到了企业。与固定资产所有权相关的风险，是指由于经营情况变化造成的相关利益的变动，以及由于资产闲置、技术陈旧等原因造成的损失；与所有权相关的报酬，是指在固定资产使用寿命内使用该资产而获得的收入，以及处置该资产所实现的利得等。

通常，取得固定资产的所有权是判断与固定资产所有权相关的风险和报酬转移到企业的一个重要标志。但是，所有权是否转移，不是判断与固定资产相关的风险和报酬转移到企业的唯一标志，在某些情况下，某项固定资产的所有权虽然不属于企业，但是企业能够控制与该项固定资产有关的经济利益流入企业，这就意味着与该项固定资产所有权相关的风险和报酬实质上已转移到企业，在这种情况下，企业应将该项固定资产予以确认。例如，融资租入的固定资产，企业虽然不拥有固定资产的所有权，但与固定资产所有权相关的风险和报酬实质上已转移到了企业（承租人），因此，符合固定资产确认的第一个条件。

企业在实际工作中确认固定资产时，需要实施必要的职业判断。如企业购置的某些设备，它的使用不能直接为企业带来经济利益，而有助于企业从相关资产中获得经济利益，或者将减少企业未来经济利益的流出，对于这类设备，企业应将其确认为固定资产，如企业购置的环保设备、安全设备等。

对于工业企业所持有的工具、用具、备品备件、维修设备等资产，施工企业所持有的模板、挡板、架料等周围材料，以及地质勘探企业所持有的管材等资产，企业应当根据实际情况，分别管理和核算。尽管该类资产具有固定资产的某些特征，比如，使用期限超过一年，也能够带来经济利益，但由于数量多，单价低，考虑到成本效益原则，在实务中，通常确认为存货。

固定资产的各组成部分，如果各自具有不同使用寿命或者以不同方式为企业提供经济利益，从而适用不同折旧率或折旧方法，该各组成部分实际上是以独立的方式为企业提供经济利益，企业应当分别将各组成部分确认为单项固定资产。

（二）该固定资产的成本能够可靠的计量

固定资产管理研究成本能够可靠的计量是资产确认的一项基本条件。企业在确定固定资产成本时必须取得确凿证据，但是，有时需要根据所获得的最新资料，对固定资产的成本进行合理的估计。比如，企业对于已达预定可使用状态但尚未办理竣工决算的固定资产，需要工程预算、工程造价或者工程实际发生的成本等资料，按估计价值确定其成本，办理竣工决算后，再按照实际成本调整原来的暂估价值。

三、固定资产的分类与归口分级管理

（一）固定资产的分类

为了加强固定资产的管理，根据财会部门的规定，对固定资产按不同的标准作如下分类：

（1）按经济用途分类：有生产经营用固定资产和非生产经营用固定资产。生产经营用固定资产是指直接参加或服务于生产方面的在用固定资产；非生产经营用固定资产是指不直接参加或服务于生产过程，而在企业非生产领域内使用的固定资产。

（2）按所有权分类：有自有固定资产和租入固定资产。在自有固定资产中又有自用固定资产和租出固定资产两类。

（3）按使用情况分类：有使用中的、未使用的、不需用的、封存的和租出固定资产。

（4）按所属关系分类：有国家固定资产、企业固定资产、租入固定资产和工厂所属集体所有制单位的固定资产。

（5）按性能分类：有房屋、建筑物、动力设备、传导设备、工作机器及设备、工具、仪器、生产用具、运输设备、管理用具和其他固定资产。

我国对固定资产的分类与代码作了规范性要求，并颁布了《固定资产分类与代码》（GB/T 14885—1994）标准，该标准部分摘录见表 2-1。

表 2-1　固定资产分类与代码表

一、土地、房屋及构筑物	27 航空航天工业专用设备	六、电子产品及通信设备
01 土地	28 工程机械	58 雷达和无线电导航设备
02 房屋	29 农业和林业机械	59 通信设备
03 构筑物	30 畜牧和渔业机械	60 广播电视设备
二、通用设备	31 木材采集和加工设备	61 电子计算机及其外围设备
04 锅炉及原动机	32 食品工业专用设备	七、仪器仪表、计量标准衡器具
05 金属加工设备	33 饮料加工设备	63 仪器仪表
06 起重设备	34 烟草加工设备	64 电子和通信测量仪器
07 输送设备	35 粮油作物和饲料加工设备	65 专用仪器仪表
08 给料设备	36 纺织设备	66 计量标准器具及量具、衡器
09 装卸设备	37 缝纫、服饰和皮草加工设备	八、文化体育设备
10 泵	38 造纸和印刷设备	68 文艺设备
11 风机	39 化学药品和中成药制炼设备	69 体育设备
12 气体压缩机	40 医疗器械	70 娱乐设备
13 气体分离及液化设备	41 其他行业专用设备	九、图书文物
14 制冷空调设备	四、交通运输设备	71 图书资料
15 真空获得及其应用设备	44 铁路运输设备	72 文物
16 分离及干燥设备	45 汽车、电车（含地铁车辆）、摩托车及非机动车辆	73 陈列品
17 减速机及传动装置	46 水上交通运输设备	十、家具用具及其他类
18 金属表面处理设备	47 飞行器及其配套设备	74 家具用具
19 包装、气动工具及其他通用设备	48 工矿车辆	75 被服装具
三、专用设备	五、电气设备	
21 探、采、选矿和造团设备	50 电机	
22 炼焦和金属冶炼轧制设备	51 变压器、整流器、电抗器和电容器	
23 炼油、化工、橡胶及塑料设备	52 其他生产用电器	
24 电力行业专用设备	53 生活用电器和照明设备	
25 非金属矿物制品工业专用设备	54 电器机械设备	
26 核工业专用设备	56 电工电子生产专用设备	

（二）固定资产的归口分级管理

固定资产的归口分级管理制度就是在企业负责人的领导下，按照固定资产的类别，由有关职能部门负责归口管理，然后层层对口，再根据固定资产的使用地点，由各级使用部门负责具体管理，并进一步落实到班组和个人，同岗位责任制结合起来，形成一个自上而下纵横交错的管理体系。

第二节　设备资产价值管理

一、固定资产的计价

固定资产的核算，既要按实物数量进行计算和反映，又要按其货币计量单位进行计算和反映。以货币为计算单位来计算固定资产的价值，称为固定资产的计价。按照固定资产的计价原则，对固定资产进行正确的货币计价，是做好固定资产的综合核算、真实反映企业财产和正确计提固定资产折旧的重要依据。在固定资产核算中常计算以下几种价值。

（一）固定资产原始价值

原始价值是指企业在建造、购置、安装、改建、扩建、技术改造某项固定资产时所支出的全部货币总额，它一般包括买价、包装费、运杂费和安装费等。企业由于固定资产的来源不同，其原始价值的确定方法也不完全相同。从取得固定资产的方式来看，有调入、购入、接受捐赠、融资租入等多种方式。下面分这几种情况进行说明。

1. 购入固定资产

购入是取得固定资产的一种方式。购入的固定资产同样也要遵循历史成本原则，按实际成本入账，即按照实际所支付的购价、运费、装卸费、安装费、保险费、包装费等，计入固定资产的原值。

2. 借款购建

这种情况下的固定资产计价有利息费用的问题。为购建固定资产的借款利息支出和有关费用，以及外币借款的折算差额，在固定资产尚未办理竣工决算之前发生的，应当计入固定资产价值，在这之后发生的，应当计入当期损益。

3. 接受捐赠的固定资产的计价

这种情况下，所取得的固定资产应按照同类资产的市场价格和新旧程度估价入账，即采用重置价值标准；或者根据捐赠者提供的有关凭据确定固定资产的价值。接受捐赠固定资产时发生的各项费用，应当计入固定资产价值。

4. 融资租入的固定资产的计价

融资租赁有一个特点，就是在一般情况下，租赁期满后，设备的产权要转移给承租方，租赁期较长。租赁费中包括了设备的价款、手续费、价款利息等。为此，融资租入的固定资产按租赁协议确定的设备价款、运输费、途中保险费、安装调试费等支出计账。

（二）固定资产重置完全价值

重置完全价值是企业在目前生产条件和价格水平条件下，重新购建固定资产时所需的全部支出。企业在接受固定资产馈赠或固定资产盘盈时无法确定原值，可以采用重置完全价值计价。

（三）净值

净值又称折余价值，是固定资产原值减去其累计折旧的差额。它是反映继续使用中固定资产尚未折旧部分的价值。通过净值与原值的对比，可以一般地了解固定资产的平均新旧程度。

（四）增值

增值是指在原有固定资产的基础上进行改建、扩建或技术改造后增加的固定资产价值。增值额为由于改建、扩建或技术改造而支付的费用减去过程中发生的变价收入。固定资产大修理工程不增加固定资产的价值，但如果与大修理同时进行技术改造，则进行技术改造的投资部分应当计入固定资产的增值。

（五）残值与净残值

残值是指固定资产报废时的残余价值，即报废资产拆除后留余的材料、零部件或残体的价值；净残值则为残值减去清理费用后的余额。

二、固定资产折旧

固定资产在使用中，同时存在着两种形式的运动：一是物质运动，它经历着磨损、修理改造和实物更新的连续过程；二是价值运动，它依次经过价值损耗、价值转移和价值补偿的运动过程。固定资产在使用中因磨损而造成的价值损耗，随着生产的进行逐渐转移到产品成本中去，形成价值的转移；转移的价值通过产品的销售，从销售收入中得到价值补偿。因此，固定资产的两种形式的运动是相互依存的。

固定资产折旧，是指固定资产在使用过程中通过逐渐损耗而转移到产品成本或商品流通费中的那部分价值，其目的在于将固定资产的取得成本按合理而系统的方式，在它的估计有效使用期间内进行摊配。应当指出，固定资产的损耗分为有形和无形两种，有形损耗是固定资产在生产中使用和自然力的影响而发生的在使用价值和价值上的损失；无形损耗则是指由于技术的不断进步，高效能的生产工具的出现和推广，从而使原有生产工具的效能相对降低而引起的损失，或者由于某种新的生产工具的出现，劳动生产率提高，社会平均必要劳动量的相对降低，从而使这种新的生产工具发生贬值。因此，在固定资产折旧中，不仅要考虑它的有形损耗，而且要适当考虑它的无形损耗。

（一）计算提取折旧的意义

合理地计算提取折旧，对企业和国家具有以下作用和意义：

（1）折旧是为了补偿固定资产的价值损耗，折旧资金为固定资产的适时更新和加速企业的技术改造、促进技术进步提供资金保证。

（2）折旧费是产品成本的组成部分，正确计算提取折旧才能真实反映产品成本和企业利润，有利于正确评价企业经营成果。

（3）折旧是社会补偿基金的组成部分，正确计算折旧可为社会总产品中合理划分补偿基金和国民收入提供依据，有利于安排国民收入中积累和消费的比例关系，搞好国民经济计划和综合平衡。

（二）确定设备折旧年限的一般原则

各类固定资产的折旧年限要与其预定的平均使用年限相一致。确定平均使用年限时，应考虑有形损耗和无形损耗两方面因素。确定设备折旧年限的一般原则如下：

（1）统计计算历年来报废的各类设备的平均使用年限，分析其发展趋势，并以此作为确定设备折旧年限的参考依据之一。

（2）设备制造业采用新技术进行产品换型的周期，也是确定折旧年限的重要参考依据之一。它决定老产品的淘汰和加速设备技术更新。目前，工业发达国家产品换型周期短，大修设备不如更新设备经济，因此设备折旧年限短，一般为8～12年，过去我国长期按25～30年计算折旧，不能适应设备更新和企业技术改造的需要，故近年来逐步向15～20年过渡；随着工业技术的发展，将会进一步缩短设备的折旧年限。

（3）对于精密、大型、重型稀有设备，由于其价值高而一般利用率较低，且维护保养较好，故折旧年限应大于一般通用设备。

（4）对于铸造、锻造及热加工设备，由于其工作条件差，故其折旧年限应比冷加工设备短些。

（5）对于产品更新换代较快的专用机床，其折旧年限要短，应与产品换型相适应。

（6）设备生产负荷的高低、工作环境条件的好坏，也影响设备使用年限。实行单项折旧时，应考虑这一因素。

设备折旧年限实际上就是设备投资计划回收期，过长则投资回收慢，会影响设备正常更新和改造的进程，不利于企业技术进步；过短则会使产品成本提高，利润降低，不利于市场销售，因此，财政部有权根据生产发展和适应技术进步的需要，修订固定资产的分类折旧年限和批准少数特定企业的某些设备缩短折旧年限。

（三）折旧的计算方法

根据折旧的依据不同，折旧费可以分为按效用计算或按时间计算两种。按效用计算折旧就是根据设备实际工作量或生产量计算折旧，这样计算出来的折旧比较接近设备的实际有形损耗；按时间计算折旧就是根据设备实际工作的日历时间计算折旧，这样计算折旧较简便。对某些价值大而开动时间不稳定的大型设备，可按工作天数或工作小时来计算折旧，每工作单位时间（小时、天）提取相同的折旧费；对某些能以工作量（如生产产品的数量）直接反映其磨损的设备，可按工作量提取折旧，如汽车可按行驶里程来计算折旧。从计算提取折旧的具体方法上看，我国现行主要采用平均年限法和工作量法。工业发达国家的企业为了较快地收回投资、减少风险，以利于及时采用先进的技术装备，普遍采用加速折旧法。

1. 平均年限法

平均年限法又称直线法，即在设备折旧年限内，按年或按月平均计算折旧。

固定资产的折旧额和折旧率的计算公式如下：

$$年折旧率 = \frac{1 - 预计净残值率}{折旧年限}$$

$$月折旧率 = \frac{年折旧率}{12}$$

$$月折旧额 = 固定资产原值 \times 月折旧率$$

预计净残值率一般为 3%～5%。

2. 工作量法

对某些价值很高而又不经常使用的大型设备，采取工作时间（或工作台班）计算折旧；汽车等运输设备采取按行驶里程计算，这种计算方法称为工作量法。

按工作时间计算折旧的公式：

$$工作小时（或台班）折旧额 = \frac{固定资产原值 \times (1 - 预计净残值率)}{总工作小时（或总台班）}$$

按行驶里程计算折旧的公式：

$$单位里程折旧额 = \frac{固定资产原值 \times (1 - 预计净残值率)}{总行驶里程}$$

3. 加速折旧法

加速折旧法是一种加快回收设备投资的方法，即在折旧年限内，对折旧总额的分配不是按年平均，而是先多后少逐年递减。常用的有以下几种：

（1）年限总额法。

$$年折旧率 = \frac{折旧年限 - 已使用年数}{折旧年限 \times (折旧年限 + 1) \div 2}$$

$$月折旧率 = \frac{年折旧率}{12} \times 100\%$$

$$月折旧额 = (固定资产原值 - 预计净残值) \times 月折旧率$$

（2）双倍余额递减法

$$年折旧率 = \frac{2}{折旧年限} \times 100\%$$

$$月折旧率 = \frac{年折旧率}{12}$$

$$月折旧额 = (固定资产原值 - 预计净残值) \times 月折旧率$$

（四）计提折旧的方式

我国企业计提折旧有以下三种方式。

1. 单项折旧

单项折旧即按每项固定资产的预定折旧年限或工作量定额分别计提折旧，适用于按工作量法计提折旧的设备和当固定资产调拨、调动和报废时分项计算已提折旧的情况。

2. 分类折旧

分类折旧即按分类折旧年限的不同，将固定资产进行归类，计提折旧。这是我国目前要求实施的折旧方式。

3. 综合折旧

综合折旧即按企业全部固定资产综合折算的折旧率计提总折旧额。这种方式计算简便，其缺点是不能根据固定资产的性质、结构和使用年限采用不同的折旧方式和折旧率。过去我国大部分企业采用此方法计提折旧。

第三节　设备资产实物管理

企业资产管理主要包含资产价值管理和资产实物管理两部分内容。为加强固定资产管理工作，实现资产保值增值和资源合理配置，盘活存量资产，防止资产流失，保证企业生产经营活动正常开展和健康发展，必须加强固定资产的实物管理。

一、设备资产实物管理的主要职责

（一）企业实物资产主管部门的职责

对于大型企业或资产密集型企业，都专门设有固定资产实物管理部门，负责整个企业固定资产的实物管理。其主要职责如下：

（1）根据国家有关政策、法规，组织制定企业固定资产实物管理的规章制度，监督检查制度执行情况；

（2）负责组织建立公司固定资产实物账卡，对固定资产实物技术状况、使用状况实施宏观管理和监督；

（3）审核批准固定资产实物的新增、异动、闲置、报废、租赁和调剂，负责固定资产实物处置管理等。

（二）固定资产使用单位的主要职责

各固定资产使用单位应明确固定资产实物管理的责任领导和管理部门。结合使用固定资产状况，设置固定资产实物管理岗位，制定岗位工作标准，配备符合要求的固定资产实物管理人员。固定资产使用单位的固定资产实物管理的主要职责如下：

（1）严格执行公司有关固定资产实物管理规章制度，结合本单位固定资产状况制定固定资产管理规定；

（2）负责掌握其使用固定资产的技术、使用状况，保持固定资产既定功能和实物形态，保持固定资产实物形态和价值形态的统一；

（3）负责固定资产新增和异动管理，负责核实新增和异动固定资产实物状况，提供准确的新增和异动资料，及时办理固定资产新增及异动手续。配合财务部门对更新改造调整价值的固定资产、接受捐赠的固定资产、融资租入的固定资产、计提减值准备的固定资产等的预计尚可使用年限进行判断。

(4)负责定期组织固定资产实物清查工作，认真分析固定资产实物的使用效果。根据固定资产技术状况和使用状况，负责固定资产调剂、租赁、闲置、报废申报及实物账、卡处理工作，提出计提固定资产减值准备申请。

(5)负责及时办理闲置、报废固定资产处置申报手续，配合上级固定资产主管部门做好处置工作。

(6)负责建立健全固定资产实物台账及有关原始记录、技术档案等资料，按时填报固定资产实物管理专业报表，积极采用现代化管理手段和方法，推进固定资产计算机管理，做好固定资产管理基础工作。

二、设备资产管理的基础资料

设备资产管理的基础资料包括设备资产卡片、设备编号台账、设备清点登记表、设备档案等。企业的设备管理部门和财会部门均应根据自身管理工作的需要，建立和完善必要的基础资料，并做好资产的变动管理。

(一) 设备资产卡片

设备资产卡片是设备资产的凭证，在设备验收移交生产时，设备管理部门和财会部门均应建立单台设备的固定资产卡片，登记设备的资产编号、固有技术经济参数及变动记录，并按使用保管单位的顺序建卡片册。随着设备的调动、调拨、新增和报废，卡片位置可以在卡片册内调整补充或抽出注销。设备资产卡片样例见表2-2。

(二) 设备台账

设备台账是掌握企业设备资产状况，反映企业各种类型设备的拥有量、设备分布及其变动情况的主要依据。它一般有两种编排形式：一种是设备分类编号台账，它以设备统一分类及编号目录为依据，按类组代号分页，按资产编号顺序排列，便于新增设备的资产编号和分类分型号统计；另一种是按车间、班组顺序排列编制使用单位的设备台账，这种形式便于生产维修计划管理及年终设备资产清点。以上两种台账汇总，构成企业设备总台账。两种台账可以采用同一表格式样。对精、大、重、稀设备及机械工业关键设备，应另行分别编制台账。企业于每年年末由财会部门、设备管理部门和使用保管单位组成设备清点小组，对设备资产进行一次现场清点，要求做到账物相符；对实物与台账不符的，应查明原因，提出盈亏报告，进行财务处理。清点后须填写设备清点登记表。

(三) 设备档案

设备档案是指设备从规划、设计、制造、安装、调试、使用、维修、改造、更新直至报废的全过程中形成的图样、方案说明、凭证和记录等文件资料。它汇集并积累了设备一生的技术状况，为分析、研究设备在使用期间的使用状况、探索磨损规律和检修规律、提高设备管理水平、对反馈制造质量和管理质量信息，均提供了重要依据。

属于设备档案的资料有：

(1) 设备计划阶段的调研、经济技术分析、审批文件和资料；

(2) 设备选型的依据；

表2-2 设备资产卡片样例

（正面） ×××（集团）公司 _____ 厂（矿）
固定资产明细核算卡片

资产分类：_____　　　　　　　　　　　　固定资产编码：_____
明细类别：_____　资金来源：_____　工程项目：_____　启用年月：_____

资产名称：		型号规格：		装置地点：		
制 造 厂：		计算单位：	数量：	质量：	新旧区分：	
电气总容量：		容量：	长度：	面积：	容积：	
资产价值	原始价值			其中建安费		
				设计选型部门		
折旧年限				资产性质		
				使用车间		
购入部门：		装备水平：		国家固定资产分类与代码：		

原始价值增减记录

日期	摘要	增减金额	增减后的原始价值	日期	摘要	增减金额	增减后的原始价值

（反面）　　　　　　　　　　　附　属　设　备

名称	规格	价值	数量	名称	规格	价值	数量

其他记录：

工程项目设计者：　　　　　　　购置人：　　　　　　　固定资产经管人：

（3）设备出厂合格证和检验单；

（4）设备装箱单；

（5）设备入库验收单、领用单和开箱验收单等；

（6）设备安装质量检验单、试车记录、安装移交验收单及有关记录；

（7）设备调动、借用、租赁等申请单和有关记录；

（8）设备历次精度检验记录、性能记录和预防性试验记录等；

（9）设备历次保养记录、维修卡、大修理内容表和完工验收单；

（10）设备故障记录；

（11）设备事故报告单及事故修理完工单；

（12）设备维修费用记录；

（13）设备封存和启用单；

（14）设备普查登记表及检查记录表；

（15）设备改进、改装、改造申请单及设计任务通知书。

至于设备说明书、设计图样、图册、底图、维护操作规程、典型检修工艺文件等，通常都作为设备的技术资料，由设备资料室保管和复制供应，均不纳入设备档案袋管理。

设备档案资料按每台单机整理，存放在设备档案内，档案编号应与设备编号一致。设备档案袋由设备动力管理维修部门的设备管理员负责管理，保存在设备档案柜内，按编号顺序排列，定期进行登记和资料入袋工作。要求做到：

（1）明确设备档案管理的具体负责人，不得处于无人管理状态；

（2）明确纳入设备档案的各项资料的归档路线，包括资料来源、归档时间、交接手续、资料登记等；

（3）明确登记的内容和负责登记的人员；

（4）明确设备档案的借阅管理办法，防止丢失和损坏；

（5）明确重点管理设备档案，做到资料齐全，登记及时、正确。

三、设备资产的新增及异动管理

（一）新增资产的入账管理

凡由公司投资或各固定资产使用单位自筹资金形成的固定资产，必须按规定及时办理固定资产实物交付手续。暂估进账的固定资产必须及时办理固定资产转固。

办理固定资产实物新增建账手续必须符合下列条件：

（1）拟新增建账的固定资产实物具备投资项目明确的既定功能，技术状况符合相关规范、规程和标准要求。

（2）产权界定清晰、明确，符合公司相关规定。

（3）具备由固定资产使用单位填报，公司投资主管部门或固定资产使用单位投资管理部门审核签章的《固定资产完工交接单》（见表2-3）或《零星固定资产购置单》（见表2-4）。

（4）具备填写完整准确的《固定资产明细核算卡片》及相关凭证。

（5）房屋类固定资产申领取得政府部门核发的《房屋产权证》。

（6）其他规定。

对于使用专项资金投资对固定资产性能、质量有较大改进的改、扩建，应作固定资产增值处理。通过抵偿债务方式取得的固定资产和由外单位有偿调入的固定资产，凭符合规定的相关凭证，按新增固定资产办理建账手续。接受捐赠的固定资产凭符合规定的相关凭证，按新增固定资产办理建账手续。

已经建账的固定资产，原则上不准变动原值。确需变动的，由固定资产使用单位填报《固定资产调账通知单》（见表2-5），经公司实物资产管理部门和财务部门资产管理处审核批准，办理调账手续。

表 2-3　固定资产完工交接单

×××（集团）公司
各项工程完工交接单

　　年　　月　　日

资金类别	工程项目编号	工程名称	工程结构型号	单　位	质量	面积	工程完成合计			
							合计	其中：		
								其他	设备费	建安费

交付单位： （公章） 主管： 财务：	接收单位： （公章） 设备： 财务：	设备能源部签证： 经办人：	计财部专用基金科签证： 主管：	计财部会计处签证： 主管：	项目主管处签证： 主管：

表 2-4　零星固定资产购置单

×××（集团）公司
零星固定资产购置交接单

工程项目编号：　　　　　　　　　　　　　　　　　　　　　　　年　　月　　日

资金类别	设备名称	型号规格	单位	数量	质量	单价	合计金额/元	设备能源部签证： 主管：
								主管部处室签证： 负责人：
								计财部专用基金处： 负责人：
								计财部会计处： 负责人：
								接收单位： 设备： 财务：

表2-5 固定资产调账通知单

×××（集团）公司

固定资产调账通知单

调账单位：（公章）　　　　　　　　　　　　　　　　　　　　　　　　　年　　月　　日

调账前情况					调账后情况				
设备名称	型号规格	计量单位	数量	原值	设备名称	型号规格	计量单位	数量	原值
调账原因：					设备能源部：（公章）经办人：	计财部：（公章）经办人：		调账单位负责人：设备：财务：	

（二）资产的调拨与内部转移

全资子公司、控股子公司之间或全资子公司、控股子公司与公司直属单位之间的固定资产转移，由调出方填写《固定资产调剂调拨单》（见表2-6），双方签章后，报公司实物资产管理部门审核批准。全资子公司、控股子公司之间按不低于固定资产净值的双方确认的价值结算；全资子公司、控股子公司与公司直属单位之间按固定资产净值结算。低于固定资产净值转移的，需要报公司领导批准后进行。经公司领导批准，集团内部全资子公司之间、全资子公司与公司直属单位之间的资产转移可采取无偿划拨形式，按净值划转。

表2-6 固定资产调剂调拨单

×××（集团）公司

固定资产调剂调拨单

　　　　　　　　　　　　　　　　　　　　　　　　　　　　　　　　　　　年　　月　　日

固定资产卡片号	固定资产明细类别	固定资产名称	型号规格或构造	单位	数量	质量	固定资产价值			设备生产厂	现作用年限
							应用年限	原始价值	已提折旧		
设备技术状况记录：			有偿调剂收取变价收入：产权单位财务收后盖收讫章　　年　月　日				调出单位：主管领导：（公章）设备主管签证：财务主管签证：			调入单位：主管负责人签字：（公章）	
			集团公司收取管理费				子公司主管部门意见：盖章：			集团公司固定资产实物管理处	
			集团公司计财部财务收款后盖收讫章　　年　月　日				集团公司计财部资产管理处意见公章：			主管：部长：	

公司直属单位之间固定资产转移，由调出方填写《固定资产内部转移单》（见表2-7），双方签章后，报公司实物资产管理部门审核批准。

全资子公司、控股子公司所属二级单位之间固定资产转移，由调出方填写《固定资产内部转移单》，双方签章后，经相关全资子公司、控股子公司固定资产实物管理部门审核同意，报公司实物资产管理部门备案。

表2-7 固定资产内部转移单

×××（集团）公司
固定资产内部转移单

年　　月　　日

固定资产编码	固定资产明细类别	名称	型号规格	单位	数量	质量	固定资产价值			
							原始价值	耐用年限	已用年限	已提折旧基金
附属设备	名　称		规　格		单位	数量	主管处室审查意见	主管：经办：	设备能源部审批意见	（公章）主管：经办：
调出单位	主管部门负责人：设备：（公章）财务：			调入单位	主管部门负责人：设备：（公章）财务：				财务部签证：（公章）主管：经办：	

（三）闲置、报废设备资产管理

1. 闲置设备资产管理

连续停止使用一年以上、新建（购置）两年以上未投入使用或不需用，但仍然有使用价值的固定资产称为闲置固定资产。

各固定资产使用单位产生闲置固定资产后，应及时按规定办理申报审批手续。申报闲置固定资产，应由固定资产使用单位填写《计提固定资产减值准备申请表》和《固定资产调拨调剂单》，报公司实物资产管理部门审核批准。对于原值达到规定价值以上的主要生产设备申请办理闲置固定资产手续的，须报公司主管副总经理批准。

各单位要做好闲置固定资产处置前的封存和保管工作，保持闲置固定资产的既定功能和设施完整。未经公司实物资产管理部门批准同意，不得随意拆卸和不得随意使用闲置固定资产。

2. 设备资产报废管理

申请报废的固定资产，必须具备与账卡相符的固定资产实物，同时必须具有下列条件之一：

(1) 固定资产达到使用年限，磨损程度在80%以上，无继续使用价值的。
(2) 固定资产达到使用寿命，并经确认一次修复费用超过固定资产原值70%以上的。
(3) 因生产工艺改进或技术改造必须拆除，并经投资主管部门确认无利用价值的固定资产。
(4) 因自然灾害或事故（有分析、考核）损坏严重，无法修复利用的固定资产。
(5) 属国家技术、政策规定的淘汰固定资产。

申请办理报废的固定资产必须完整。未达到使用年限的固定资产，无特殊原因不得报废。满足上述条件，但固定资产未提足折旧（计提减值准备固定资产除外）的，必须补提足折旧后方可申请报废。

固定资产报废必须严格履行申报审批和财务下账程序：

(1) 固定资产使用单位须完整、准确填写《固定资产报废申请单》（见表2-8），并报公司实物资产管理部门。
(2) 公司实物资产管理部门组织对申请报废固定资产实物进行专业鉴定，同时对账卡资料进行核实，依据相关规定签署审核意见。

表2-8 固定资产报废申请单

×××（集团）公司
固定资产报废申请单

年　　月　　日　　　　　　　　　　　　　　　　　　　　　　　　　　卡片编号：

申请单位：			设备（车辆）制造厂：			
资产名称：			附属设备（牌照号、发动机号、底盘号）			
规格型号或房屋结构：			型号	规格	数量	报废意向
装置地点：						
磨损程度：　　　%						
规定（折旧）使用年限：　　　年						
已使用年限：　　　年　　启用时间：						
数量	质量	单台套原值	合计	已提折旧	净值	尚未提足基本折旧
固定资产报废原因和报废去向：						
经办人：　　设备部门：　　财务部门：　　主管领导：　　二级主管部门： 电　话：　　（公章）　　（公章）　　　　　　　（单位公章）						
归口管理部门审核意见：						
经办人：　　　负责人：　　　　　　　　　　　　　　　　　　　年　月　日						
公司领导批示：			备注：　　　（归口部门盖专用章）			

(3) 固定资产报废实行等级审批制度。
(4) 批准报废的固定资产，应按规定及时处置。
(5) 财务部门根据经公司批准的《固定资产报废申请单》或《固定资产调剂调拨单》

办理固定资产财务下账手续。

在未经公司批准之前，固定资产使用单位对待报废固定资产的安全负责。公司禁止使用报废固定资产。

3. 闲置、报废资产处置管理

经公司批准闲置、报废的固定资产，应按规定及时处置。闲置、报废固定资产由公司负责统一处置，固定资产使用单位应积极协助配合。

严格执行国家有关闲置、报废固定资产处置方面的方针政策。闲置、报废固定资产处置应严格遵守政府部门有关规定：

（1）报废的机动车辆、锅炉压力容器及起重设备类固定资产，必须送规定的金属资源公司回收处理；

（2）报废的含有有毒有害物质的固定资产，如多氯联苯变压器、电容器等，必须送环保部门集中焚烧和深埋；

（3）闲置的压力容器、各类锅炉及起重设备类固定资产，处置前必须取得专业检测部门出具的可对外处置的证明材料；

（4）其他规定。

公司及时组织闲置、报废固定资产处置。鼓励各固定资产使用单位调剂使用闲置固定资产，积极盘活存量资产。闲置、报废固定资产处置坚持优先自用、先内后外的原则；坚持资源信息公示，对外处理公开、公平、公正和诚实信用的原则；坚持实现变价收入最大化原则。

公司实物资产管理部门负责闲置、报废固定资产对外处置的招标、议标工作和拍卖的组织工作。对通用性较强，市场需求较大的闲置、报废固定资产实行招标处置或委托拍卖；对专业性较强，价值较高，市场需求单一的闲置、报废固定资产实行议标处置。议标处置闲置、报废固定资产，需报经公司主管副总经理批准。

闲置、报废固定资产对外处置的变价收入通过招标、议标和拍卖确定，但必须符合下列规定：

（1）闲置、报废固定资产对外处置的变价收入必须高于固定资产的净值或残值。

（2）闲置、报废固定资产对外处置的变价收入，黑色金属应高于同期市场废钢铁平均价格。

（3）闲置、报废固定资产对外处置的变价收入高于固定资产使用单位提出的预期收入。

（4）经公司主管副总经理批准，议标处置的闲置报废固定资产应由固定资产实物管理部门书面申请计划财务部门委托具备资质的资产评估单位，对拟处置固定资产进行专业评估，确定评估价格，作为固定资产实物管理部门确定变价收入的主要依据之一。议标处置闲置、报废固定资产的变价收入需报公司主管副总经理批准。

固定资产报废必须回收残值，禁止采取以工顶料等方式处置报废固定资产。固定资产报废拆除工程实行收支两条线，不得在账外直接抵顶固定资产残值。

（四）设备资产租赁管理

各固定资产使用单位在保证不影响生产经营，维护公司和本单位利益的条件下，报经公司实物资产管理部门和计划财务部审核同意，主管副总经理批准，可对外租赁固定资产，提

高资源的利用效益。对外租赁的固定资产，应作为在使用固定资产管理。

对外租赁固定资产，出租单位和承租单位应协商拟定《固定资产租赁协议书》和《固定资产租赁合同》，报公司计划财务部和实物资产管理部门审核同意后签章。

《固定资产租赁协议书》应明确要求承租单位按照相关技术规程、规范和标准正常使用、维护租赁固定资产，保持租赁固定资产的技术状况并承担责任。

租赁合同期满或中途解除租赁合同前，承租单位应及时通知公司实物资产管理部门和计划财务部，检查核实租赁固定资产的技术状况和价值状况，签署《租赁固定资产收回验收报告》。由于非正常使用造成磨损和损坏的，由承租单位按照《固定资产租赁协议书》《固定资产租赁合同》给予赔偿。

任何单位不得在未经审核批准的情况下，擅自出租固定资产；禁止任何公司以外的单位和个人无偿占用公司的固定资产。

四、设备资产实物状况管理

固定资产实物技术状况是指在完成既定功能过程中，固定资产实物在安全性、适用性、耐久性等方面的基本状况。

固定资产使用单位应结合专业管理工作，严格执行相关规范、规程和标准，正确使用固定资产，加强维护和检修，保持固定资产既定功能和实物形态。

固定资产使用单位应定期组织固定资产实物清理工作，结合专业管理工作，准确评估掌握固定资产实物技术状况。根据固定资产实物技术状况，做好固定资产调剂、租赁、闲置、报废申报工作，提出计提固定资产减值准备申请。

固定资产使用单位应依据固定资产实物的使用状况，按在用、未使用和不需用（闲置）、租出、待报废等对固定资产实行分类管理。

第四节　设备资产评估管理

设备资产评估就是设备资产在价值形态上的评估，是指评估人按照特定目的，遵循法定或公允标准和程序，运用科学的方法，对被评估设备的现时价格进行的评定和估算。

一、设备资产评估的特点与要素

（一）设备资产评估的特点

设备属于固定资产，单位价值高，使用期限长。评估者应充分认识其功能适用性和风险性。

设备资产的评估需要以技术检测为基础。由于设备技术性强，涉及的专业面较广，行业差别较大，在其寿命周期内价值的变动较复杂。这些都要求设备资产的评估需要借助必要的技术检测来确定设备的技术水平、技术状况和价值，以保证评估的科学性。

设备资产的评估一般以单台、单件作为评估对象。设备种类繁多、性能与用途各不相同、价值属性复杂、情况差异较大，为保证评估结果的真实性和准确性，一般对设备资产的评估要在合理分类基础上逐项进行，即以单台、单件作为评估对象，但这不排除对不可细分的机组、成套设备以整体作为评估对象。

多种评估方法并用。设备种类繁多、规格型号各异，且各类设备的单项价值、使用时间、性能等差别较大，因此，在评估中不可能采用单一的，而应当针对不同的设备，选用不同的评估方法。

正确评估设备的贬值。设备除有实体性贬值外，还存在功能性贬值和经济性贬值。另外，设备更新换代较快，政策规定不容许使用的高能耗、低效能、污染大的设备，即使实体成新度较高，也应当按低值甚至报废处理。

正确测定设备的寿命。设备的损耗包括有形损耗和无形损耗，评估时要认真搜集有关资料，综合各种相关因素，正确确定设备的物理寿命、技术寿命和经济寿命。

（二）设备资产评估的要素

设备资产评估包括以下六个要素。

1. 评估主体

评估的主体也就是由谁来进行评估。由于设备资产评估工作政策性强，涉及多方面的专业知识，如工程技术、会计学、市场学、物价学、数学等，因此评估主体必须具备广博的学识水平和丰富的实践经验，经过严格的考试或考核，取得评估管理机构确认的资格。《国有资产评估管理办法》第九条规定，资产评估公司、会计师事务所、审计事务所、财务咨询公司，必须获得省级以上管理部门颁发的国有资产评估资格证书，才能从事国有资产评估业务。

2. 评估客体

评估的客体就是被评估的设备资产，是指国家、企业、事业或其他单位所拥有的各种设备。

3. 评估目的

评估的职能是为设备资产业务提供公平的价格尺度。在我国社会主义市场经济条件下，设备资产评估的目的在于：建立中外合资合作企业；股份经营和企业兼并、企业联合；承包经营与租赁经营；抵押借款；破产清算；以企业的资产为另一家企业做经济担保；企业经营评价；当企业参加保险，国家行政机构、事业、企业单位在性质上相互发生转变时也要对设备资产进行评估。

4. 评估标准

在评估中要执行统一的标准，特别是统一的价格标准。

5. 评估时法定或公允的程序

评估工作必须按一定的程序进行，否则就会影响到评估的质量。严格地按照科学的程序进行评估，是减少评估工作中的误差，防止营私舞弊现象发生，保证评估质量的基本条件。

6. 评估方法

评估方法是评估设备资产特定价格的技术规程和方式。评估方法不仅因价格标准而不同，也由于评估对象的理化状态的不同而不同，因而评估方法也是多种多样的。

二、设备资产评估的原则与程序

(一) 设备资产评估的原则

设备资产评估工作政策性很强,涉及交易各方和国家的经济利益,评估时必须遵循以下原则。

1. 公平性原则

公平、公正是评估组织及其工作人员应遵守的一项最基本的道德规范。对设备资产价值评估的结论应当公道、合理,绝对不能偏向任何一方。

2. 科学性原则

按科学的规范、标准程序、方法进行评估工作,使评估结果合理、准确。

3. 客观性原则

设备资产价值评估所依据的数据、资料必须是客观可靠的,对数据资料的分析应是实事求是的,评估结论要经得起检验。

4. 独立性原则

设备资产评估机构及其工作人员有权依据国家制定的法规、政策和可靠的数据、资料,对被评估的设备资产价格作出完全独立的评定。

5. 系统性原则

评估工作人员应当树立系统观念,在设备资产评估工作中,要善于运用系统分析的方法。系统具有集合性、相关性、目的性、整体性、动态性和适应性等特征。

在评估一个企业总体设备资产价值时,要充分考虑企业各要素的整体功能、管理水平、适应市场发展的能力以及适应整个国民经济和社会发展的能力。

6. 替代性原则

这一原则的基本精神是:若同时有几种相类似的或同等的商品或服务可供选择的话,买方往往选择既能满足需求,价格又较低的商品或服务,把这条原则运用于设备资产价值评估,就要求在评估中对多种方案进行比较,选择一个适当的方案。

7. 可行性原则

可行性原则也称为有效性原则。评估工作人员对被评估设备资产价值最后得出的结论应当是信得过的、可行的,具有法律效力的。

(二) 设备资产评估的基本程序

1. 接受委托

客户有意委托评估人员进行某项设备资产评估时,评估人员要向客户了解被评估资产的背景、现状、评估目的和评估报告的用途以及该项评估涉及的其他情况。

2. 评估准备

评估人员及评估机构在签订了其资产评估委托协议,明确评估的目的、评估对象和评估范围之后,就应着手做好评估的准备工作。具体包括:

（1）指导委托方做好设备资产评估的基础工作，如待评设备资产清册及分类明细表的填写，被评设备资产的自查和盈亏事项的调整，设备资产产权资料及有关经济技术资料的准备等。

（2）分析研究委托方提供的被评资产清册及相关表格，明确评估重点和清查重点，制订评估方案，落实人员安排，设计主要设备资产的评估技术路线。

（3）广泛收集与本次评估有关的数据资料，为设备资产价值的评定估算做好准备。

3. 现场工作

现场调查是设备资产评估的一个非常重要的工作步骤。在设备资产评估的现场调查中要了解工艺过程，核实设备数量，明确设备权属，观察询问设备状况。

（1）逐台（件）核实评估对象，以确保评估对象真实可靠。要求委托方根据现场清查核实的结果，调整或确定其填报的被评设备资产清册及相关表格，并以清查核实后的设备资产作为评估对象，同时注意被评设备的权属问题。

（2）按评估重点安排人员，对设备进行分类。

（3）设备鉴定。对设备进行鉴定是现场工作的重点。对设备进行鉴定，包括对设备的技术鉴定、使用情况鉴定、质量鉴定以及磨损鉴定等。设备的生产厂家、出厂日期、设备负荷和维修情况等是进行鉴定的基本素材。

4. 评定估算

根据评估目的、评估价值类型的要求以及评估时的各种条件，选择适宜的评估方法。

阅读可行性分析报告、设计报告、概预算报告、竣工报告、技术改造报告、重大设备运行和检验记录等，以扩大和深化对被评估设备的了解。估算中遇到问题和困难应继续与委托方沟通。收集资料和调查分析要贯穿于整个评估过程。

查阅有关法律法规，如税法、环境保护法、车辆报废标准等，以便在评估涉及这些规定的设备中考虑法律法规的影响。

对产权受到某种限制的设备，包括已抵押或作为担保品的设备、租入、租出的设备要单独处理。

选择合理方法估算评估值。

5. 撰写评估报告及评估说明

6. 评估报告的审核和报出阶段

评估报告完成以后，要有必要的审核。在审核确认评估报告无重大纰漏后，再将评估报告送达委托方及有关部门。

三、设备资产的评估方法

设备资产评估的主要方法有成本法、市场法和收益法。

（一）成本法

成本法是通过估算被评估设备的重置成本和各种贬值，用重置成本扣减各种贬值作为资产评估价值的一种方法，它是设备资产评估中最常使用的方法。

（二）市场法

市场法是通过分析最近市场上与被评估设备类似的设备的成交价格，并对两者之间的差异进行调整，由此确定被评估设备价值的方法。市场法比较适用于有成熟的市场、交易比较活跃的机器设备评估，如汽车、飞机和计算机等。

（三）收益法

收益法评估机器设备是通过预测设备的获利能力，即估算未来收益并将其折算为现值，据以评估设备资产价值。

 练习与思考

一、填空题

1. 固定资产按经济用途分为_____和_____；按所有权分为_____和_____；按使用情况分为_____、_____、_____、_____和_____。
2. 固定资产的净值又称折余价值，是固定资产的_____减去其_____的差额。
3. 我国企业计提折旧有三种方式，即_____、_____和_____。
4. 在固定资产核算中常计算以下几种价值：_____、_____、_____和_____。

二、判断题

1. 农业用的耕牛属于固定资产的范畴。　　　　　　　　　　　　　　（　　）
2. 彩电生产厂商生产的彩电属于该生产企业的固定资产。　　　　　　（　　）
3. 某企业报废的汽车，可以变卖给其他企业或个人。　　　　　　　　（　　）
4. 通过加速折旧法可加快回收设备投资。　　　　　　　　　　　　　（　　）
5. 闲置设备封存后，可随时根据需要启封，用于生产。　　　　　　　（　　）
6. 固定资产的折旧转移到产品的成本中。　　　　　　　　　　　　　（　　）
7. 报废的机动车可送金属资源公司回收处理。　　　　　　　　　　　（　　）
8. 因生产工艺改进或技术改造必须拆除，并经投资主管部门确认无利用价值的固定资产，可以申请报废。　　　　　　　　　　　　　　　　　　　　　　　　（　　）

三、简答题

1. 固定资产有何特征？固定资产的确认条件是什么？
2. 固定资产有哪些折旧方法？
3. 固定资产折旧的意义是什么？
4. 固定资产实物管理的主要内容是什么？

第三章

设备的使用与维护

设备的正确使用和维护是设备管理工作的重要环节。机器设备使用期限的长短、生产效率和工作精度的高低,既取决于设备本身的结构和精度性能,也在很大程度上取决于对它的使用和维护情况。正确使用设备可以防止发生非正常磨损和避免突发性故障,能使设备保持良好的工作性能和应有的精度;而精心维护设备则可以改善设备技术状态,延缓劣化进程,消灭隐患于萌芽状态,保证设备的安全运行,延长使用寿命,提高使用效率。

设备的使用和维护工作包括:制定设备技术状态的完好标准,提出设备使用基本要求,制定设备操作维护规程,进行设备的日常维护与定期维护、设备点检、设备润滑、设备的状态监测和故障诊断,对设备故障和事故进行处理等。

第一节　设备的技术状态

设备技术状态是指设备所具有的工作能力,包括性能、精度、效率、运动参数、安全、环境保护、能源消耗等所处的状态及其变化情况。企业的设备是为满足某种生产对象的工艺要求或为完成工程项目的预定功能而配备的,其技术状态如何,直接影响到企业产品的质量、成本及生产效率。

设备在使用过程中受到生产性质、加工对象、工作条件及环境等因素的影响,使设备原设计制造时所确定的功能和技术状态将不断发生变化而有所降低或劣化。一般来说,设备在使用中经常处于三种状态:一是完好的技术状态,即设备性能处于正常的状态;二是故障状态,即设备已丧失其主要工作性能;三是故障前状态,即设备尚未发生故障,但存在异常或缺陷。为延缓劣化过程,预防和减少故障发生,必须正确合理使用设备,严格执行操作规程,定期进行设备状态检查,加强对设备使用维护的管理。

一、设备技术状态完好标准

设备技术状态如何,通过设备技术状态标准来衡量。设备技术状态标准可分为设备工作能力标准(绝对标准)和设备技术状态完好标准(相对标准)。设备的工作能力包括功能和参数,如精度、性能、粗糙度、功率、效率、速度、出力等的容许范围以及精度指数和工程能力指数等,这些反映在规定的设备技术条件中。设备的技术条件是考核设备设计、制造质量的绝对标准,并在设备完工检验合格后,载入设备出厂精度检验单和说明书中。设备技术状态完好标准则是为了统计考核设备在使用中的情况,如设备的精度、性能与完好状态、设备加工产品的质量以及设备管理维修的效果而制定的。设备完好状态的评定就是基于设备技术状态完好标准的评价。

（一）设备技术状态完好标准的制定应遵循的原则

设备技术状态完好标准的制定应遵循以下原则：

（1）设备性能良好：机械设备精度能稳定地满足生产工艺要求；动力设备的功能达到原设备或规定标准；运转无超温、超压和其他超额定负荷现象。

（2）设备运转正常：零部件齐全；磨损、腐蚀程度不超过规定的技术标准；控制系统、计量仪器、仪表和液压润滑系统工作正常，安全可靠。

（3）原材料、燃料、动能、润滑油料等消耗正常，基本无漏油、漏水、漏气（汽）、漏电现象，外表清洁整齐。

（4）设备的安全防护、制动、连锁装置齐全，性能可靠。

完好设备的具体标准，应能对设备作出定量分析和评价，并根据以上总的原则结合企业设备重点制定，作为本企业检查设备完好的统一要求。

（二）金属切削机床完好标准实施细则

设备技术状态的完好标准，应尽可能具体和量化，这样评定时实施性才强。以金属切削机床为例，其现行完好标准多属定性要求，执行时会遇到许多具体问题，故具体确定金属切削机床完好状态时可参照下述实施细则执行。

1. 精度、性能满足生产工艺要求，精密、稀有机床主要精度性能达到出厂标准

（1）精密、稀有机床按说明书规定的出厂标准，检查主要精度项目；其传动精度、运动精度、定位精度均应稳定可靠，满足生产工艺要求。

（2）属于机修、工具车间的精加工、半精加工的金属切削机床及生产车间专用于维修的金属切削机床，除满足生产工艺要求外，还应检查其主要精度项目。

（3）金属切削机床的精度，可根据机床精密程度、加工对象、产品要求精度（包括尺寸、形位公差、表面粗糙度）、使用单位及条件、设备役龄、大修次数等划分设备级别，确定检查项目。对役龄较长、大修两次以上及原制造质量较低难于恢复精度的设备，经主管厂长或总工程师批准，可酌情降低精度标准，其具体允差报主管局备案；也可参考表3-1执行。

表3-1 金属切削机床精密级别划分表

机床类级		划 分 原 则	精度标准系数	备 注
类	级			
Ⅰ	1	精密机床和高精度机床的加工精度在IT5级及以上	根据不同使用要求为：1	按出厂要求检查精度
Ⅰ	2	用于精加工的精密机床和经过2次大修以及使用达15年的精密机床，加工精度为IT5～IT6级	根据不同使用要求为：1.25～1.5	按主要精度项目检查
Ⅱ		用于半精加工的机床，加工精度为IT7～IT8级	根据不同使用要求为：1.5～2	检查影响产品精度的项目
Ⅲ		粗加工机床	按生产工艺或工序要求	根据加工件情况确定

(4) 检查设备单项完好时，对精度、性能满足生产工艺要求的机床，可按各类机床规定的加工范围，结合产品工艺规程的技术要求进行切削加工试验，要求满足产品质量规定的表面粗糙度及形位精度，并保证能稳定生产一定数量的合格品。

2. 各传动系统运转正常，变速齐全

(1) 设备运行时（包括液压传动）无异常冲击、振动、噪声和爬行现象。

(2) 主传动和进给运动变速齐全，各级速度运转正常、平稳、无异音。

(3) 液压系统各元件动作灵敏可靠，系统压力符合要求。

(4) 主轴承在最高转速下运转 30 min 后检查温度，滑动轴承温度不超过 60℃，滚动轴承温度不超过 70℃。

(5) 通用机床经批准改作专机使用时，在满足工艺要求的前提下，减少不必要的变速和零件仍算完好。

3. 各操作系统灵敏可靠

(1) 操作、变速手柄动作灵敏，定位可靠，无捆绑和附加重物现象。

(2) 传动手轮所需操纵力和反向空程量，均应符合通用技术规程。

(3) 制动、连锁、锁紧和保险装置齐全、灵敏可靠。

4. 润滑系统装置齐全、功效良好

(1) 润滑系统、液压元件、过滤器、油嘴、油杯、油管、油线等，应完整无损、清洁、畅通。

(2) 表示油位的油标、油窗要清晰醒目，能观察出油位或润滑油滴入情况。

5. 电气系统装置齐全、管线完整、动作灵敏、运行可靠

(1) 配电箱内清洁，布线整齐，各种线路标志明显、连接可靠。

(2) 电器元件完整无损、定位可靠、接触良好、动作灵敏。

(3) 外部导线有完整的保护装置，出入线口蛇皮管无脱落破损。

(4) 所有按钮、开关及各种显示信号作用可靠，仪表偏转灵活，误差在容许范围内。

6. 滑动部位运转正常，各滑动部件无严重拉、研、碰伤

(1) 各滑动部位及工作台面应无明显的拉、研、碰伤，凡拉、研、碰伤超过下列标准之一者为严重损伤，即为不完好设备。

① 精密机床：拉伤深 0.3 mm，宽 0.7 mm，累计长度 100 mm；研伤面积大于 50 mm^2；碰伤印痕深 1 mm，面积 15 mm^2，每一表面伤痕超过 3 处，或 1 处面积大于 30 mm^2。

② 一般机床：拉伤深 0.5 mm，宽 1.5 mm，累计长度 200 mm；研伤面积大于 50 mm^2；碰伤印痕深 1 mm，面积 20 mm^2，每一表面伤痕超过 3 处，或 1 处面积大于 50 mm^2。

(2) 凡拉、研、碰伤经修复完整后，可列为合格；对虽非严重拉、研、碰伤者，仍应采取措施进行修复。

7. 机床整洁

(1) 机床各导轨、丝杠、滑动接触面清洁、无油垢积灰，罩壳内及机身外表无积垢、锈蚀和黄袍。

(2) 润滑油箱、油池或液压油箱内清洁，油质符合要求。

8. 基本无漏油、漏水、漏气现象

(1) 机床80％以上的结合面不漏油，全部漏油点 1 min 漏油不超过 3 滴。
(2) 各冷却系统接头无直线状漏水。
(3) 气动装置各阀及接头无明显漏气。
(4) 由于机床先天性的渗漏而难于整改者，应采取措施，使油液不滴到地面和不流入切削液池内。

9. 零部件完整，随机附件齐全

(1) 随机附件齐全，账物相符，保管妥善，无锈蚀、损伤。
(2) 机床上手柄、手球、螺钉、盖板无短缺，标牌完整清洁。

10. 安全防护装置齐全可靠

(1) 各种安全防护装置如带、齿轮、砂轮的罩壳、保险销、防尘罩等配备齐全，固定可靠。
(2) 接地装置可靠，其他电气保护装置完好。

以上标准中 1~7 项为主要项目，其他为次要项目。

对于金属切削机床以外的其他各类设备，可参照上述实施细则，制定其完好标准检查实施细则。总的要求应尽可能采用定量的数据，能较客观地反映设备完好情况。

二、完好设备的考核和完好率的计算

国家规定企业生产设备的技术状态完好程度，以"设备完好率"指标进行考核。设备完好率的计算式如下：

$$主要生产设备完好率 = \frac{主要生产设备完好台数}{主要生产设备总台数} \times 100\%$$

凡完好标准中的主要项目有一项不合格或次要项目中有两项不合格者，即为不完好设备；对于能立即整改合格的项目，仍算合格，但应做记录。

主要生产设备是指机械修理复杂系数等于或大于 5 的生产设备。完好设备台数是指经逐台检查符合完好设备标准的主要生产设备台数，不得采用抽查和估计的方法推算。正在检修的设备按检修前的实际技术状况计算，检修完的设备按修后技术状况计算。

第二节 设备的使用管理

设备在负荷下运转并发挥其规定功能的过程，即为使用过程。设备在使用过程中，由于受到各种力的作用和环境条件、使用方法、工作规范、工作持续时间长短等影响，其技术状态发生变化而逐渐降低工作能力。要控制这一时期技术状态的变化，延缓设备工作能力下降的进程，正确使用设备是控制技术状态变化和延缓工作能力下降的首要事项。

一、正确合理使用设备的前提

（一）合理配备设备

合理配备设备是指企业应根据生产经营目标和企业发展方向，按产品工艺技术要求的需

要去配备各种类型的设备。

企业在全面规划、平衡和落实各单位设备能力时，要以发挥设备的最大作用和最高利用效果为出发点。配备时要考虑主要生产设备、辅助生产设备、动力设备和工艺加工专用设备的配套性；要考虑各类设备在性能方面和生产率方面的互相协调，同时，随着产品结构的改变，产品品种、数量和技术要求的变化，各类设备的配备比例也应随之调整，使其相互适应。要注意提高设备工艺加工的适应性和灵活性。

（二）按设备技术性能合理地安排生产任务

企业在安排生产任务时，要使所安排的任务和设备的实际能力相适应，不能精机安排粗活，更不能要求操作工人超负荷、超范围使用设备。

（三）加强工艺管理

设备技术状态完好与否，是工艺管理和产品质量的先决条件，但工艺的合理与否又直接影响设备状态。工艺设计要合理，应严格按照设备的技术性能、要求和范围、设备的结构、精度等来确定加工设备。

（四）保证设备相应的工作环境和工作条件

设备对其工作环境和工作条件都有一定的要求，例如有些设备要求工作环境清洁，不受腐蚀性物质的侵蚀；有些设备需安装必要的防腐、防潮、恒温等装置；有些自动化设备还应配备必要的测量、控制和安全报警等装置。因此在设备安装时就要考虑设备的环境和工作条件要求，以保证设备正常使用。

（五）给设备提供及时、充分的物质保证

设备的正常运行有赖于物质保障，即能源、原材料、辅料、工具、附件、备件等方面的保障，其中任一环节出现问题都会导致设备运行的中止。所以，在设备使用前应制定各类物质消耗、库存定额及供应计划，保障各类物质的及时、充分供应。

二、设备合理使用的主要措施

（一）充分发挥操作工人的积极性

设备是由工人操作和使用的，充分发挥他们的积极性是用好、管好设备的根本保证。因此，企业应经常对职工进行爱护设备的宣传教育，积极吸收群众参加设备管理，不断提高职工爱护设备的自觉性和责任心。

（二）配备合格的操作者

随着设备的日益现代化，其结构原理日益复杂，要求配备具有一定文化水平和技术熟练的工人来掌握使用设备。

操作工人使用设备前必须进行上岗前的培训，学习设备的结构、操作和安全等基本知识，了解设备的性能和特点，同时进行必要的实训锻炼，经考核合格后，发给操作证，并凭证操作。企业应有计划地、经常地对操作工人进行技术教育，以不断提高其对设备使用维护的能力。

（三）建立健全必要的管理规章制度

设备使用管理规章制度主要包括设备使用守则、设备操作规程和使用规程、设备维护规

程、操作人员岗位责任制等。建立健全并严格执行这些规章制度，使合理使用设备有章可循。

（四）配备设备管理人员，以检查、督促设备合理使用

设立"设备检查员"，其职责是：负责拟定设备使用守则、设备操作规程等规章制度；检查、督促操作工人严格按使用守则、操作规程使用设备；在企业有关部门配合下，负责组织操作工人岗前技术培训；负责设备使用期信息的储存、传递和反馈。设备检查员有权对违反操作规程的行为采取相应措施，直至改正。由于设备检查员责任重大，工作范围广，技术性强、知识面宽，一般选择组织能力较强、具有丰富经验、具有一定文化水平和专业知识的工程师、技师担任。

三、设备使用守则

设备使用守则是指对操作工人正确使用设备的各项要求和规定。内容包括定人、定机和凭证操作制度，交接班制，使用设备的"三好""四会"和"五项纪律"等工作内容。

（一）定人、定机和凭证操作制度

设备的操作实行"定人""定机"，就做到了设备使用、维护和保管的职责落实到人，是一条行之有效的设备管理措施。其具体做法是：单人使用的设备由操作者个人负责；多人使用的设备由班组长或机长负责；公用设备指定专人负责；在执行时应注意负责人的相对稳定。

凭证操作设备是保证正确使用设备的基本要求。精密、大型、稀有和重点设备的操作工人由企业设备主管部门主考，其余设备的操作工人由使用单位分管设备的领导主考。考试合格后统一由企业设备主管部门签发设备操作证。对技术熟练的工人，经教育培训后确有多种技能者，考试合格后可取得多种设备的操作证。

（二）交接班制度

企业主要生产设备为多班制生产时，必须执行设备交接班制度。交班人在下班前除完成日常维护作业外，必须将本班设备运转情况、运行中发现的问题、故障维修情况等详细记录在"交接班记录簿"上；并应主动向接班人介绍设备运行情况，双方当面检查，交接完毕后在记录簿上签字。如系连续生产设备或加工时不允许中途停机者，可在运行中完成交接班手续。

如操作工人不能当面交接生产设备，交班人可在做好日常维护工作、将操纵手柄置于安全位置并将运行情况及发现的问题详细记录后，交生产组长签字代接。

接班工人如发现设备有异常现象，记录不清、情况不明和设备未清扫时，可以拒绝接班。如因交接不清的设备在接班后发生问题，则由接班人负责。

企业在用生产设备均需设交接班记录簿，并应保持清洁、完整，不准撕毁、涂改与丢失，用完后向车间交旧换新。设备维修组应随时查看交接班簿，从中分析设备技术状态，为状态管理和维修提供信息。维修组内也应设交接班簿（或值班维护记录簿），以记录设备故障的检查、维修情况，为下一班人员提供信息。设备管理部门和使用单位负责人要随时抽查交接班制度执行情况，并作为车间劳动竞赛评比考核的内容之一。

设备交接班簿的格式见表3-2。

表 3-2　设备交接班簿格式

(封面)

××××厂 交 接 班 记 录 簿		
设备名称：	型号规格：	设备编号：
车间：　　　工段：	操作者： 操作证号：	

交 接 班 记 录

(里面)

班　次		Ⅰ班	Ⅱ班	Ⅲ班
设备清扫及润滑				
设备各部分情况	传动机构异样			
	零部件缺损			
	安全防护装置			
	新的磨损、伤痕			
	电器及其他			
	开车检查			
图样、工件质量问题				
故障、事故及处理情况				
开动台时记录		实际开动	实际开动	实际开动
		故障停开	故障停开	故障停开
Ⅰ班	交班人		Ⅱ班　交班人	Ⅲ班　交班人
	接班人		接班人	接班人

(三) 对设备使用单位的"三好"要求

(1) 管好设备：操作者应负责保管好自己使用的设备，未经领导同意，不准其他人操作使用。

(2) 用好设备：严格贯彻操作维护规程和工艺规程，不超负荷使用设备；禁止不文明的操作。

(3) 修好设备：设备操作工人要配合维修工人修理设备，及时排除设备故障，按计划交修设备。

(四) 对操作工人基本功的"四会"要求

(1) 会使用：操作者应先学习设备操作维护规程，熟悉设备性能、结构、传动原理，弄懂加工工艺和工装刀具，正确使用设备。

（2）会维护：学习和执行设备维护、润滑规定，上班加油，下班清扫，经常保持设备内外清洁、完好。

（3）会检查：了解自己所用设备的结构、性能及易损零件部位，熟悉日常点检、完好检查的项目、标准和方法，并能按规定要求进行日常点检。

（4）会排除故障：熟悉所用设备的特点，懂得拆装注意事项及鉴别设备正常与异常现象；会做一般的调整和简单故障的排除；自己不能解决的问题要及时报告，并协同维修人员进行排除。

（五）设备操作者的"五项纪律"

（1）实行定人定机，凭操作证使用设备，遵守安全操作规程。
（2）经常保持设备整洁，按规定加油，保证合理润滑。
（3）遵守交接班制度。
（4）管好工具、附件，不得遗失。
（5）发现异常立即停车检查，自己不能处理的问题应及时通知有关人员检查处理。

四、设备操作规程和使用规程

（一）设备操作规程

设备操作规程是操作人员正确掌握操作技能的技术性规范，是指导工人正确使用和操作设备的基本文件之一。其内容是根据设备的结构和运行特点，以及安全运行等要求，对操作人员在其全部操作过程中必须遵守的事项。一般包括：

（1）操作设备前对现场清理和设备状态检查的内容和要求；
（2）操作设备必须使用的工作器具；
（3）设备运行的主要工艺参数；
（4）常见故障的原因及排除方法；
（5）开车的操作程序和注意事项；
（6）润滑的方式和要求；
（7）点检、维护的具体要求；
（8）停车的程序和注意事项；
（9）安全防护装置的使用和调整要求；
（10）交、接班的具体工作和记录内容。

设备操作规程应力求内容简明、实用，对于各类设备应共同遵守的项目可统一成标准项目。

（二）设备使用规程

设备使用规程是根据设备特性和结构特点，对使用设备作出的规定。其内容一般包括：

（1）设备使用的工作范围和工艺要求；
（2）使用者应具备的基本素质和技能；
（3）使用者的岗位责任；
（4）使用者必须遵守的各种制度，如定人定机、凭证操作、交接班、维护保养、事故报告等制度；

（5）使用者必备的规程，如操作规程、维护规程等；

（6）使用者必须掌握的技术标准，如润滑卡、点检和定检卡等；

（7）操作或检查必备的工器具；

（8）使用者应遵守的纪律和安全注意事项；

（9）对使用者检查、考核的内容和标准。

五、使用设备岗位责任制

操作人员岗位责任制，就是规定设备操作岗位的具体内容和职责，制定明确的考核标准。主要内容如下：

（1）设备操作工人必须遵守"定人定机""凭证操作"制度，严格按"四项要求""五项纪律"和设备操作维护规程等规定，正确使用与精心维护设备。

（2）要对设备进行日常"点检"，认真记录。做到班前加油，正确润滑，班后及时清扫、擦拭、涂油。

（3）积极参加"三好""四会"活动，搞好日常维护、周末清洗和定期维护工作。配合维修工人检查和修理自己所操作的设备。

（4）管好设备附件。工作调动或更换操作设备时，要将完整的设备和附件办理移交手续。

（5）认真执行交接班制度和填写交接班记录。

（6）参加所操作设备的修理和验收工作。

（7）有权抵制违章作业的指令。

（8）发生设备事故时，应按操作维护规程的规定采取措施，切断电源，保持现场，及时向班组长或车间机械员报告，等候处理。分析事故时应如实说明经过。对违反操作维护规程等主观原因所造成的事故应负直接责任。

第三节 设备的维护管理

设备的维护是为防止设备性能劣化或降低故障概率，按事先制定的计划或相应技术条件的规定进行的技术管理措施，包括对设备的检查、调整、润滑和清洁等。对设备进行维护管理是设备自身运行的客观要求，也是保证设备处于完好技术状态，延长设备使用寿命所必须进行的日常工作。

一、设备维护的"四项要求"

设备维护必须达到的四项要求是：

（1）整齐。工具、工件、附件放置整齐，设备零部件及安全防护装置齐全，线路、管道完整。

（2）清洁。设备内外清洁，无黄袍，各滑动面、丝杠、齿条等无黑油污，无碰伤，各部位不漏油、不漏水、不漏气、不漏电，切屑垃圾清扫干净。

（3）润滑良好。按时加油、换油，油质符合要求，油壶、油枪、油杯、油嘴齐全，油毡、油线清洁，油标明亮，油路畅通。

（4）安全。遵守安全操作规程，不超负荷使用设备，设备的安全防护装置齐全可靠，及时消除不安全因素。

二、设备维护的类别及内容

设备的维护工作可分为日常维护和定期维护两类。

（一）设备的日常维护

设备日常维护包括每班维护和周末维护两种，由操作者负责进行。每班维护要求操作工人在每班生产中必须做到：班前对设备各部分进行检查，并按规定加油润滑；规定的点检项目应在检查后记录到点检卡上，确认正常后才能使用设备。设备运行中要严格按操作维护规程正确使用设备，注意观察其运行情况，发现异常要及时处理，操作者不能排除的故障应通知维修工人检修，并由维修工在"故障修理单"上做好检修记录。下班前用 15 min 左右时间认真清扫、擦拭设备，并将设备状况记录在交接班簿上，办理交接班手续。

周末维护主要是要求在每周末和节假日前，用 1~2 h 对设备进行较彻底的清扫、擦拭和涂油，并按设备维护"四项要求"，进行检查评定，予以考核。

日常维护是设备维护的基础工作，必须做到制度化和规范化。

（二）设备的定期维护

设备定期维护是在维修工辅导配合下，由操作者进行的定期维护工作，是设备管理部门以计划形式下达执行的工作。两班制生产的设备约三个月进行一次，干磨多尘设备每月进行一次，其作业时间按设备复杂系数每单位为 0.3~0.5 h 计算停歇，视设备的结构情况而定。精密、重型、稀有设备的维护和要求另行规定。

设备定期维护的主要内容是：

（1）拆卸指定的部件、箱盖及防护罩等，彻底清洗、擦拭设备内外。

（2）检查、调整各部分的配合间隙，紧固松动部位，更换个别易损件。

（3）疏通油路，增添油量，清洗过滤器、油毡、油线、油标，更换切削液和清洗切削液箱。

（4）清洗导轨及滑动面，清除毛刺及划伤。

（5）清扫、检查、调整电器线路及装置（由维修电工负责）。

设备通过定期维护后必须达到：

（1）内外清洁，呈现本色。

（2）油路畅通，油标明亮。

（3）操作灵活，运转正常。

各类设备维护的具体内容和要求，可根据设备特点和参照有关规定制定。

（三）设备维护要求举例

各类设备维护的具体内容和要求，可根据设备特点和参照有关规定制定。现举数例如下。

1. 卧式铣镗床定期维护内容与要求

（1）外部维护：清洗机床外表及罩壳，保持内外清洁，无锈蚀，无黄袍；清洗丝杠、光杠、齿条；补齐和紧固手球、手柄、螺钉、螺母等机件，保持机床完整。

（2）主轴箱：检查、清洗主轴箱夹紧拉杆、平旋盘及调整楔铁；检查平衡锤钢丝绳紧固情况。

（3）工作台及导轨：清洗工作台，调整挡铁及楔铁间隙；擦洗全部导轨，清除毛刺。

（4）后立柱：清洗后轴承座、丝杠，调整楔铁间隙。

（5）润滑系统：清洗油毡、油线，做到油路、油孔畅通，油杯、油嘴齐全，油标醒目、明亮；清洗过滤器，油质、油量符合要求；清洗冷却装置，更换变质的切削液。

（6）电器装置：擦拭电器箱、电动机，检查线路装置；电器装置固定整齐。

2. 导轨磨床定期维护内容及要求

（1）机架：擦拭导轨、丝杠、光杠、传动齿轮的油污和锈蚀以及机架各部分的油污、锈蚀与黄袍，保持各部分内外整洁；检查水平、垂直移动及微动系统有无松动，并调整妥当。

（2）润滑及液压系统：清洗各油管、油孔、油毡、油线、油标，达到油路畅通、油标明亮；清洗过滤器，油质、油量符合要求。

（3）冷却装置：拆洗冷却泵、过滤装置及切削液箱，保持清洁，切削液质量符合要求；冷却系统畅通，无漏水现象。

（4）床身及其他：擦洗床身防尘罩、蛇形管盖板，达到无油污、无积尘、无黄袍；拆洗防护罩上盖，清除箱内积尘；检查、补齐手柄、手球及螺钉、螺母；擦拭配电箱及电动机，检查、紧固接地装置。

3. 空气锤定期维护内容及要求

（1）润滑系统：清洗滤油器，检查管路接头与润滑装置，使油路畅通，不漏油，油质良好；清洗液压泵，使内外清洁、完好。

（2）运转部分：擦净锤杆上的油污，检查、修整锤杆的拉毛和碰痕；检查上砧有无裂纹，楔铁必须紧固；检查调整V带的松紧。

（3）操作部分：检查各连杆螺钉有无松动，并擦拭干净，如有缺损应补齐、更换；擦洗操纵手柄，润滑各运动面及连接处，使其操纵、运动灵活。

（4）砧座及外表：检查上、下砧座有无裂纹和错位，加以调整或更换，并紧固砧座楔铁；擦净锤身外表各部分的油污，补齐缺损螺钉并加以紧固，达到完整、清洁。

（5）电器部分：擦拭电动机及电器箱，紧固接地装置。

4. 桥式起重机定期维护内容及要求

（1）大车及小车：检查传动轴座及轴键、联结器、齿轮箱等是否松动，并加以紧固；检查调整制动器与制动轮间隙，要求间隙均匀、灵敏可靠；检查走轮转动情况。

（2）升降卷扬部分：检查钢丝绳是否完好，如有断丝、磨损，应按技术规范要求予以更换；检查吊钩、滑轮有无裂纹或严重磨损；检查调整制动器及限位装置，要求安全、灵敏可靠。

（3）润滑系统：对所有轴承座、制动架和联结器，按润滑规定的要求加注适量符合质量的润滑脂；检查齿轮箱的油位、油质，并添加新油至规定油位；各润滑点无漏油现象。

（4）电器装置：检查电器箱，清除烧毛部位，调换触头；检查、调整、更换电动机碳刷，检查导电滑架有无松动，限位开关是否灵敏、可靠；检查防护装置是否齐全并紧固可靠。

（5）清洁、整齐：清扫行车的各部分，要求无尘土、无油垢、无锈蚀；检查和补齐各部分的缺损件与螺钉，并加以紧固，保持完整。

设备的定期维护由设备使用单位按定期维护计划进度组织操作者进行；维护完成后，操作者填写设备维护记录卡，由车间维修组检查验收，机械员汇总审查，对存在问题提出处理意见后，返回设备管理部门作为考核依据。设备定期维护卡的格式由设备管理部门根据企业实际情况拟定，其内容应包括：定期维护的项目、内容及具体要求；实施情况；验收评价；发现待处理的问题；维护人、验收人及机械员签字等。

三、精、大、稀、关键设备的使用维护要求

精密、大重型、稀有、关键设备都是企业进行生产极为重要的物质技术基础，是保证实现企业经营方针和目标的重点设备。因此，对这些设备的使用维护，除达到前述各项要求外，还必须重视以下工作。

（一）实行"四定"

（1）定使用人员。按定人定机制度，选择本工种中责任心强、技术水平高和实践经验丰富者担任操作工作，并尽可能保持较长时间的相对稳定。

（2）定检修人员。对精、大、稀、关键设备较多的企业，根据企业条件，可组织专门负责精、大、稀、关键设备的检查、维护、调整、修理的专业修理组。如无此可能，也应指定专人负责检修。

（3）定操作维护规程。按机型逐台编制操作维护规程，置于设备旁的醒目位置，并严格执行。

（4）定维修方式和备品配件。根据设备在生产中的作用分别确定维修方式，优先安排预防维修活动，包括定期检查、状态监测、精度调整及修理等。对维修所需备品配件，要根据来源及供应情况，确定储备定额，优先储备。

（二）严格执行使用维护上的特殊要求

（1）必须严格按设备使用说明书的要求安装设备，每半年检查调整一次安装水平和精度，并作出详细记录，存档备查。

（2）对环境有特殊要求（恒温、恒湿、防震、防尘）的高精度设备，企业要采取相应措施，确保设备精度、性能不受影响。

（3）精密、稀有、关键设备在日常维护中一般不许拆卸，特别是光学部件，必要时应由专职修理工拆卸。运行中如有异常，要立即停车，通知检修，绝不许带"病"运转。

（4）严格按照规定加工工艺操作，不允许超性能、超负荷使用设备。精密设备只容许用于精加工，加工余量应合理。

（5）润滑油料、擦拭材料和清洗剂必须严格按说明书的规定使用，不得随意代用。特别是润滑油、液压油，必须经化验合格，并在加入油箱前必须过滤。

（6）精密、稀有设备在非工作时间要盖上护罩。如长时间停歇，要定期进行擦拭、润

滑及空运转。

（7）设备的附件和专用工具应有专有柜架搁置，妥善保管，保持清洁，防止锈蚀或碰伤，并不得外借或作他用。

四、区域维修责任制

区域维修责任制是对车间的维修工人按照生产区域设备拥有量或设备类型划分成若干区域来进行明确分工并与操作工人密切结合，负责督促、指导所辖区域内的设备操作者正确操作、合理使用、精心维护（包括日常维护和定期维护）设备；进行巡回检查，掌握设备运行情况，并承担一定的设备维修工作；负责完成区域内设备完好率、故障停机率等考核指标；定期加以评定并与奖励挂钩。它是加强设备维修管理、为生产服务、调动维修工人积极性的一种岗位责任制。将区域维修责任制与经济技术承包制相结合，是加强设备管理与维修的有力措施之一。开展区域维修制的做法是：

（1）值班维修工人对负责区域内的设备每日要主动巡回检查，发现故障和隐患应及时排除，做好记录；不能及时排除的应立即通知组长和机械员，做好准备后进行有计划的日常维修；较大的问题由机械员反映到设备管理部门安排计划修理。

（2）监督操作工人正确、合理地使用设备，指导、督促搞好设备的日常维护和定期维护；并在每班工作开始及结束时，查看所辖区内设备的点检卡、交接班记录和运行记录，及时处理存在的问题。

（3）参加车间周末设备维护检查，按评分标准给负责区内的设备评定分数并做记录。

（4）按照计划定期检查设备外观、润滑系统、主要精度、启动与传动机构工作状态等，进行调整和更换易损件，同时填写"定期性能检查卡"记录，做好设备动态管理。

（5）及时处理突发故障和修理已经分析处理的事故损坏设备，但拒修未经分析的事故损坏设备。

（6）进行设备治漏，消灭严重的设备"四漏"，并记录治理结果。

（7）区域维修负责人应将各种维修原始记录交组长妥为保存，每月汇总送交机械员处理。

第四节　设备事故管理

设备事故是指企业生产设备因非正常损坏造成停产或效能降低，停机时间和经济损失超过规定限额的行为或事件。设备事故不仅给企业带来不同程度的经济损失，严重的设备事故如设备爆炸事故，有害气体、液体的泄漏事故，还会危及职工人身安全，污染环境，破坏生态平衡等，因此，要采取有效措施，搞好设备管理，消除事故隐患，避免事故发生。在事故发生后，要加强设备事故的管理，及时采取有效措施，防止事故扩大和再度发生，并从事故中吸取教训，防止事故重演，达到消灭事故，确保安全生产的目的。

一、设备事故的分类

我国《全民所有制工业交通企业设备管理条例》中规定，设备事故分为以下三类：

一般事故：对于一般设备修复费用在500~10 000元；精、大、稀及机械工业关键设备在 1 000～30 000 元；或因设备事故造成全厂供电中断 10～30 min。

重大事故：对于一般设备，修复费用达 10 000 元以上；机械工业关键设备及精、大、稀设备达 30 000 元以上；或因设备事故而使全厂电力供应中断 30 min 以上。

特大事故：修复费用达 50 万元以上，或由于设备事故造成全厂停产两天以上，车间停产一周以上。

二、设备事故的分析及处理

（一）事故的分析

（1）设备事故发生后，应立即切断电源，保持现场，按设备分级管理的有关规定上报，并及时组织有关人员根据"三不放过"（事故原因分析不清不放过，事故责任者与群众未受到教育不放过，没有防范措施不放过）的原则，进行调查分析，严肃处理，从中吸取经验教训。一般事故由事故单位主管负责人组织有关人员，在设备管理部门参加下分析事故原因。如事故性质具有典型的教育意义，则由设备管理部门组织全厂设备员、安全员和有关人员参加的现场会共同分析，使大家都受教育。重大及特大事故由企业主管设备厂长（总工程师）组织设备、安全技术部门和事故有关人员进行分析。

进行事故分析的基本要求是：

① 要重视并及时进行事故分析。分析工作进行得越早，原始数据越多，分析事故原因和提出防范措施的根据就越充分。要保存好用于分析的原始证据。

② 不要破坏发生事故的现场，不移动或接触事故部位的表面，以免发生其他情况。

③ 要严格察看事故现场，进行详细记录和照相。

④ 确需拆卸发生事故的部件时，要避免使零件再产生新的伤痕或变形等情况。

⑤ 分析事故时，除注意发生事故的部位外，还要详细了解周围环境，多访问有关人员，以便得出真实情况。

⑥ 分析事故不能凭主观臆测作出结论，要根据调查情况与测定数据进行仔细分析来判断。

（2）发生事故的单位，应立即在事故后三日内认真填写事故报告单，报送设备管理部门。一般事故报告单由设备管理部门签署处理意见，重大及特大事故由厂主管领导批示。

特大事故发生后，应报告上级主管部门，听候上级处理指示。重大事故应在季报表内附上处理结果报上级。

（3）设备事故经过分析、处理并修复后，应按规定填写维修记录，由车间机械员负责计算实际损失，载入设备事故报告损失栏，报送设备管理部门。

（4）企业发生的各种设备事故，均由设备管理部门每季统计上报，并记入历年设备事故登记册内。

（二）设备事故的原始记录

设备事故报告记录应包括以下内容：

（1）设备编号、名称、型号、规格及事故概况。

（2）事故发生的前后经过及责任者。

(3) 设备损坏情况及发生原因、分析处理结果。重大、特大事故应有现场照片。

(4) 发生事故的设备在进行修复前、后，均应对其主要精度、性能进行测试；设备事故的一切原始记录和有关资料，均应存入设备档案。凡属设备设计、制造质量的事故，应将出现的问题反馈到原设计、制造单位。

（三）设备事故的性质

设备事故按其发生的性质可分为以下三类：

1. 责任事故

凡属于人为原因，如违反操作维护规程、擅离工作岗位、超负荷运转、加工工艺不合理以及维护修理不良等，致使设备损坏停产或效能降低，称为责任事故。

2. 质量事故

凡因设备原设计、制造、安装等原因，致使设备损坏停产或效能降低的，称为质量事故。

3. 自然事故

凡因遭受自然灾害，致使设备损坏停产或效能降低的，称为自然事故。

不同性质的事故应采取不同的处理方法。自然事故比较容易判断，责任事故与质量事故直接决定着事故责任者承担事故损失的经济责任，为此一定要进行认真分析，必要时邀请制造厂家一起来对事故设备进行技术鉴定，做出准确的判断。一般情况下企业发生的设备事故多为责任事故。

（四）设备事故的处理

任何设备事故都要查清原因和责任，对事故责任者应按情节轻重、责任大小、认错态度，分别给予批评教育、行政处分或经济处罚，触犯刑律者要依法制裁。

对设备事故隐瞒不报或弄虚作假的单位和个人，应加重处罚，并追究领导责任。设备事故频率应按规定统计，按期上报。

三、设备事故损失的计算

（一）停产和修理时间的计算

停产时间：从设备损坏停工时起，到修复后投入使用时为止。

修理时间：从动工修理起，到全部修完交付生产使用时为止。

（二）修理费用的计算

修理费（元）=修理材料费（元）+备件费（元）+工具辅材费（元）+工时费（元）

（三）停产损失费用的计算

停产损失（元）=停机时间（h）×每小时生产成本费用（元/h）

（四）事故损失费用的计算

事故损失费（元）=停产损失费（元）+修理费（元）

练习与思考

一、填空题

1. 对设备使用单位的"三好"要求是_____、_____和_____。
2. 对操作工人基本功的"四会"要求是_____、_____、_____和_____。
3. 设备操作者的"五项纪律"是_____、_____、_____、_____和_____。
4. 设备维护的"四项要求"是_____、_____、_____和_____。
5. 我国《全民所有制工业交通企业设备管理条例》中规定,设备事故分为三类,即_____、_____、和_____。设备事故按其发生的性质分为_____、_____和_____。
6. 设备事故的"三不放过"是指_____、_____和_____。

二、判断题

1. 企业生产设备的技术状态完好程度,以"设备完好率"进行考核。（ ）
2. 只要经考试合格取得某类设备的操作证,就能对该类设备进行操作。（ ）
3. 如因交接不清的设备在接班后发生问题,则由接班人负责。（ ）
4. 设备事故的损失除修理费外,还包括设备因停产所造成的损失。（ ）

三、简答题

1. 什么是设备的技术状态？什么是设备技术状态的完好标准？设备技术状态完好标准的制定应遵循哪些原则？
2. 如何正确使用和维护设备？
3. 设备事故如何分析和处理？

第四章

设备润滑管理

机械设备的使用过程,既是其生产产品、创造利润的过程;也是其自身耗损、丧失工作能力的过程。无数事实证明,磨损是机械设备失效最主要的原因之一,而设备润滑是防止和延缓零部构件磨损和其他失效形式的主要手段之一。由于现代机械设备向着高度自动化、高精度、高生产率方向发展,因此,合理地润滑设备,使设备处于良好的润滑状态,是保证设备正常运转、防止故障或事故的发生、减少机件磨损、延长设备使用寿命、降低动能消耗、提高设备生产效率的有力措施。

设备的润滑管理是指对企业设备的润滑工作,进行全面合理的组织和监督,按技术规范的要求,实现设备的合理润滑和节约用油,使设备正常安全地运行。其主要内容包括:建立和健全润滑管理的组织,制定并贯彻各项润滑管理工作制度,实施润滑"五定",开展润滑工作的计划与定额管理,强化润滑状态的技术检查以及认真做好废油的回收与再生利用等。

第一节 摩擦与磨损

一、摩擦

两个表面直接接触的物体,在做相对运动时,物体运动受阻的现象称为摩擦。摩擦时产生的阻力称为摩擦力。因摩擦使固体表面上物质不断损耗的过程称为磨损。目前研究摩擦、磨损和润滑及其应用已形成一门新的学科——摩擦学。

摩擦可根据摩擦副的运动状态、运动形式和表面润滑状态进行分类,见表4-1。

表4-1 摩擦的类型及特点

分类方法	类型	特　　点
按运动状态	静摩擦	一物体沿另一物体表面只有相对运动的趋势;静摩擦力随外力变化而变化;当外力克服最大静摩擦力时,物体之间才开始发生相对运动
	动摩擦	一物体沿另一物体表面有相对运动时的摩擦
按运动形式	滑动摩擦	两接触物体之间的动摩擦,其接触表面上切向速度的大小和方向不同
	滚动摩擦	两接触物体之间的动摩擦,其接触表面上至少有一点切向速度的大小和方向均相同

续表

分类方法	类型	特　　点
按润滑状态	干摩擦	物体接触表面无任何润滑剂存在时的摩擦，它的摩擦因数极大
	边界摩擦	两物体表面被一层具有层结构和润滑性能的、极薄的边界膜分开的摩擦
	流体摩擦	两物体表面完全被润滑剂膜隔开时的摩擦，摩擦发生在界面间的润滑剂内部，摩擦因数最小
	混合摩擦	摩擦表面上同时组合存在干摩擦、边界摩擦及流体摩擦的总称

二、磨损

磨损是伴随摩擦而产生的必然结果，是诸多因素相互影响的复杂过程。磨损不仅是材料消耗的主要原因，也是设备技术状态变坏和影响设备寿命的重要因素。机件的磨损主要表现为外形和几何尺寸发生变化，质量减轻，原来的配合间隙加大，从而破坏了规定的配合性质。

（一）磨损的规律

机械零件的正常磨损过程大致可分为三个阶段，如图4-1所示。图中的曲线称为磨损特性曲线，表示磨损量随着时间的增长而变化的规律。

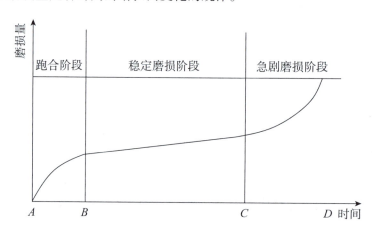

图4-1　机械零件磨损特性曲线

1. 磨合磨损阶段（又称跑合阶段）

零件加工后的表面较粗糙，使用初期，由于机械摩擦磨损及其产生的微粒造成的磨料磨损而使磨损十分迅速。但随着表面粗糙度的减少，实际接触面面积不断增加，单位面积压力减少，达到 B 点时，正常工作条件已经形成。这一阶段应注意磨合规范，选择合适的负荷、转速、润滑剂，经数小时或更长的时间，跑合完成后，应当清洗换油。

2. 正常磨损阶段（又称稳定磨损阶段）

图中的 BC 段基本呈一直线，一般情况下其斜率不大。这是因为在前一阶段的基础上，建立了弹性接触的条件，这时磨损已经稳定下来，磨损量与时间成正比增加，磨损速度较小，持续时间较长，是零件的正常使用期限。为减少磨损，延长零件使用寿命，这期间要做到合理使用和正确地维护保养，尤其是合理地润滑，建立、健全和严格遵守设备的操作规程。

3. 急剧磨损阶段（又称强烈磨损阶段）

当磨损阶段达到 C 点以后，磨损的速度开始变大，因为此时零件的几何形状改变，表面质量变坏，间隙增大，零件润滑条件随之变坏，运转时出现附加的冲击载荷、振动及噪声，温度升高，与前面变坏了的条件形成恶性循环，这一阶段容易发生故障或事故，最后导致零件完全失效。因此，这阶段要及时控制，采取合理的修理措施和监测手段，防止设备精度和效率显著地下降，注意由于磨损条件恶化而破坏贵重复杂的重要零部件。

研究零件的磨损规律，掌握各种零部件磨损的特点，是制定合理维修策略和修理计划的基础和前提。

（二）磨损的分类

磨损的基本类型、内容、特点和举例见表4-2。

表4-2 摩擦的基本类型

类型	内容	特点	举例
黏着磨损	摩擦副做相对运动，由于固相焊合，接触表面的材料由一个表面转移到另一个表面的现象	接触点黏着剪切破坏	缸套-活塞环、轴瓦-轴、滑动轨副
磨粒磨损	在摩擦过程中，因硬的颗粒或凸出刮擦微切削摩擦表面而引起材料脱落的现象	磨粒作用于材料表面而破坏	球磨面衬板与钢球、农业和矿山机械零件
疲劳磨损	两接触表面滚动或滚滑复合摩擦时，因周期性载荷作用，使表面产生变形和应力，导致材料裂纹和分离出微片或颗粒的磨损	表面或次表层受接触应力反复作用而疲劳破坏	滚动轴承、齿轮副、轮副、钢轨与轮箍
腐蚀磨损	在摩擦过程中，金属同时与周围介质发生化学或电化学反应，产生材料损失的现象	有化学反应或电化学反应的表面腐蚀破坏	曲轴轴颈氧化磨损、化工设备中的零件表面

（三）影响磨损的因素

影响磨损的因素众多复杂，主要有零件材料、运转条件、几何因素、环境因素等。详细内容见表4-3。

表4-3 影响磨损的因素

材料	运转条件	几何因素	环境因素
成分	载荷/压力	面积	总的润滑剂量
组织结构	速度	形状	污染情况
弹性模量	滑动距离	尺寸大小	外界温度
硬度	滑动时间	表面粗糙度	外界压力
润滑剂类型	循环次数	间隙	湿度
润滑剂黏度	表面温升	对中性	空气成分
工作表面物理和化学性质	润滑膜厚度	刀痕	

（四）减少磨损的途径

1. 合理润滑

尽量保证液体润滑，采用合适的润滑材料和正确的润滑方法，采用润滑添加剂，注意密封。

2. 正确选择材料

这是提高耐磨性的关键。例如，对于抗疲劳磨损，则要求钢材质量好，控制钢中有害杂质。采用抗疲劳的合金材料，如采用铜铬钼合金铸铁做气门挺杆，采用球墨铸铁做凸轮等，可使其寿命大大延长。

3. 表面处理

为了改善零件表面的耐磨性可采用多种表面处理方法，如采用滚压加工表面强化处理，各种化学表面处理、塑性涂层、耐磨涂层、喷钼、镀铬、等离子喷涂等。

4. 合理的结构设计

正确合理的结构设计是减少磨损和提高耐磨性的有效途径。结构要有利于摩擦副间表面保护膜的形成和恢复、压力的均匀分布、摩擦热的散逸、磨屑的排出以及防止外界磨粒、灰尘的进入等。在结构设计中，可以应用置换原理，即允许系统中一个零件磨损以保护另一个重要的零件；也可以使用转移原理，即允许摩擦副中另一个零件快速磨损而保护较贵重的零件。

5. 改善工作条件

尽量避免过大的载荷、过高的运动速度和工作温度，创造良好的环境条件。

6. 提高修复质量

提高机械加工质量、修复质量、装配质量以及提高安装质量是防止和减少磨损的有效措施。

7. 正确地使用和维护

要加强科学管理和人员培训，严格执行遵守操作规程和其他有关规章制度。机械设备使用初期要正确地进行磨合。要尽量采用先进的监控和测试技术。

对于几种基本的磨损类型，防止或减少磨损的方法与途径见表4-4。

表4-4 防止或减少磨损的方法与途径

磨损类型	防止或减少磨损的方法与途径
黏着磨损	（1）正确选择摩擦副材料，如适当选用脆性材料、互溶性小的材料、多相金属等； （2）合理选用润滑剂，保证摩擦面间形成流体润滑状态； （3）采用合理的表面处理工艺
磨粒磨损	（1）选用硬度较高的材料； （2）控制磨粒的尺寸和硬度； （3）根据工作条件，采用相应的表面处理工艺； （4）合理选用并供给洁净的润滑剂

续表

磨损类型		防止或减少磨损的方法与途径
疲劳磨损		（1）合理选用摩擦副材料； （2）减小表面粗糙度，消除残余内应力； （3）合理选用润滑剂的黏度和添加剂
腐蚀磨损	氧化磨损	（1）当接触载荷一定时，应控制其滑动速度，反之则应控制接触载荷； （2）合理匹配氧化膜硬度和基本金属硬度、保证氧化膜不受破坏； （3）合理选用润滑油黏度，并适量加入中性极压添加剂
	特殊介质腐蚀磨损	（1）利用某些特殊元素与特殊介质作用，形成化学结合力较高、结构致密的钝化膜； （2）合理选用润滑剂； （3）正确选择摩擦副材料

第二节 润滑材料与润滑装置

一、润滑剂的分类与选用

（一）润滑剂的分类

润滑剂按照其物理状态可分为液体润滑剂、半固体润滑剂、固体润滑剂和气体润滑剂四大类。

1. 液体润滑剂

液体润滑剂是用量最大、品种最多的一类润滑材料，包括矿物润滑油、合成润滑油、动植物油和水基液体等。液体润滑剂的特点是具有较宽的黏度范围，对不同负荷速度和温度下工作的运动部件提供了较宽的选择余地。

（1）矿物润滑油。其是目前使用量最大的一种液体润滑剂，约占润滑油总量的90%，一般是由矿物基础油中加入添加剂形成的。

（2）合成润滑油。其是指通过化学合成方法制成的润滑油。

（3）动植物油。其是指从动植物中提炼的润滑剂。

（4）水基液体。其是含水的润滑剂，有溶液型和乳化型两类。

2. 半固体润滑剂（润滑脂）

半固体润滑剂又称润滑脂，是在常温常压下呈半流动状态，并且具有胶体结构的润滑材料。

3. 固体润滑剂

固体润滑剂的润滑作用主要有三种类型：第一种是能在摩擦表面形成固体润滑膜，它的润滑机理与边界润滑相似。第二种是软金属固体润滑剂，利用软金属抗剪切强度低的特点起到润滑作用。第三种是石墨等具有层状结构的物质，利用其结构特点起到润滑作用。设备润滑最常用的固体润滑剂是二硫化钼、石墨和聚四氟乙烯等。

4. 气体润滑剂

气体也是一种流体，同样符合流体润滑的物理规律，因此在一定条件下气体也可以像液体一样成为润滑剂。气体润滑剂的优点是摩擦系数小，在高速下产生摩擦热少，温升低，运转灵活，工作温度范围广。气体润滑剂的缺点是密度低，承载能力低，只能用在 30～70 kPa 的空气动力装置和不高于 100 kPa 的空气静力学装置中。

（二）润滑剂的组成成分

1. 基础油

基础油是组成润滑油的主要成分，占润滑油总量的 80%～95%，是添加剂的载体。基础油分矿物油和合成油两大类。

（1）矿物油。我国通常将矿物油分为石蜡基、中间基和环烷基三类。

（2）合成油。合成基础油是由几种化合物通过化学反应制成的，化学纯度较高，有比矿物油更好的物理和化学特性，因此应用范围更加广泛，使用寿命更长，是将来润滑油的发展方向。现在合成油在航空航天机械上的应用较多，在工业机械上的应用也在快速发展之中。合成油一般分为合成烃油、酯类油、聚异丁烯油、聚醚、硅油等。

2. 添加剂

添加剂是指加入润滑剂中的一些少量物质，可显著改善油脂的某些性能或赋予某些新的性能。添加剂的作用如下：

（1）静分散剂。多用于内燃机油中，用来清除气缸壁和活塞环上的漆膜和积碳，还能将油中的胶质、烟垢粒子等均匀分散在油中，防止形成大的颗粒。

（2）抗腐剂。延缓润滑油的氧化反应，延长油品的使用寿命。

（3）抗磨剂。提高油品的抗磨性、抗烧结性，减小设备的磨损，防止卡咬或烧结。

（4）油性剂。减小摩擦因数，提高润滑性能。

（5）金属钝化剂。在金属表面形成钝化膜，以减小油品对金属的腐蚀和金属对油品的催化氧化作用。

（6）黏度指数改进剂：增加油品的黏度指数，提高油品的黏温性能。

（7）防锈剂：在金属表面起作用，防止金属遇水时生锈或腐蚀。

（8）降凝剂：低温下通过减缓油中蜡结晶的形成来降低油品的倾点，改善油品的低温流动性。

（9）抗泡剂：改善油品的起泡倾向，使油面的泡沫迅速破灭。

（10）乳化剂和抗乳化剂。乳化剂用于乳化油中，使油与水形成均匀稳定的乳化液。抗乳化剂用于一般润滑油中，使混入油中的水较快地从油中分离出来。

3. 稠化剂

稠化剂是组成润滑脂的重要成分，是区别于润滑油的重要特征。润滑脂是由稠化剂、基础油和添加剂构成的，由稠化剂分散在基础油中而形成的固体或半固体物质，就是润滑脂。

稠化剂一般可影响脂的稠度、滴点、防水性，有时还影响负荷能力。

（三）润滑油的选用

1. 润滑油的选用要素

润滑油的选用主要依据三方面要素，即设备实际的工作条件（即工况）、设备制造厂的指定或推荐、润滑油制造厂的规定或推荐等。

在实际工作中，润滑油的选用一般以设备制造商的推荐为主。但同时要考虑设备的负荷、速度、温度等实际工况。

在润滑油选用时重点选定润滑油的以下性能指标：

（1）黏度：黏度是各种润滑油分类分级的指标，对质量鉴别和确定有决定性意义。设备用润滑油黏度选定依设计或计算数据查有关图表来确定。

（2）倾点：倾点是间接表示润滑油储运和使用时低温流动性的指标。经验证明使用温度必须比倾点高5℃～10℃。

（3）闪点：主要是润滑油储运及使用时安全的指标。润滑油闪点指标规定的原则是按安全规定留1/2安全系数，即比实际使用温度高1/2。如内燃机油底壳油温最高不超过120℃，因而规定内燃机油闪点最低为180℃。

由于润滑油的性能指标较多，不同品种差距悬殊，应综合设备的工况、制造厂要求和油品说明及介绍合理决定。

2. 润滑油的代用

润滑油各有其使用性能，要求正确合理选用润滑油，避免代用。如确需代用，应遵循以下原则。

（1）尽量用同一类油品或性能相近的油品代用。

（2）黏度要相当，代用油品的黏度不能超过原用油品的±15%。应优先考虑黏度稍大的油品进行代用。

（3）质量以高代低。

（4）还应注意考虑设备的环境与工作温度。

3. 润滑油的混用

不同种类牌号、不同生产厂家、新旧油应尽量避免混用。

绝对禁止混用的油品如下。

（1）特种油、专用油料不能与其他油品混用。

（2）有抗乳化要求的油品不得与无抗乳化要求的油品相混。

（3）抗氨汽轮机油不得与其他汽轮机油相混。

（4）含锌抗磨液压油不能与抗银液压油相混。

（5）齿轮油不能与蜗轮蜗杆油相混。

可以混用的油品如下。

（1）同一厂家同类质量基本相近的产品。

（2）同一厂家同种不同牌号的产品。

（3）不同类油品，如果混兑两组分均不含添加剂。

（4）不同类的油品经混兑试验无异常现象的。

（5）内燃机油加入添加剂的种类较多数量较大，性能不一；在不了解油品性能时必须慎重，以免导致不良后果甚至设备润滑事故的发生。

（四）润滑脂的选用

在选用润滑脂时，首先应明确润滑脂所起的作用，即在润滑减摩、防护、密封等方面所要起的作用。作为减摩用润滑脂，主要考虑耐高低温的范围、负荷与转速等。作为防护润滑脂，主要考虑所接触的介质与材质，着重考虑对金属、非金属的防护性质与稳定性。作为密封润滑脂则应考虑接触的密封件材质与介质，根据润滑脂与材质（特别是橡胶）的相容性来选择适宜的润滑脂。

润滑脂的选用要根据机械的工作温度、运转速度、负荷大小、工作环境和供脂方式的不同，综合考虑，一般应考虑以下因素：

（1）温度。温度对润滑脂的影响很大，一般认为润滑点工作温度超过润滑脂温度上限后，由于润滑脂基础油对蒸发损失、氧化变质和胶体萎缩分油现象加速，温度每升高 $10℃\sim15℃$，润滑脂氧化速度增加 $1.5\sim2$ 倍，润滑脂的寿命降低 1/2。润滑点的工作温度还随周围环境介质温度变化而变化。此外，负荷、速度、长期连续运行、润滑脂装填得太多等因素也对润滑点的工作温度有一定的影响。环境温度高和机械运转温度高的，应选用耐高温的润滑脂，一般润滑脂的温度都应低于其滴点（温度）$20℃\sim30℃$。

（2）转速。润滑部件的运转速度越高，润滑脂所受的剪切应力就越大，稠化剂形成的润滑脂纤维骨架受到的破坏作用越大，脂的使用寿命就会缩短。设备运转速度提高 1 倍，润滑脂的寿命降至原来的 1/10。高速运转的机件温升高，温升快，易使润滑脂变稀而流失，使用时应选用稠度较大的润滑脂。

（3）负荷。根据负荷选用润滑脂是保证润滑的关键之一。对于重负荷润滑点应选用基础油黏度高、稠化剂含量高、具有较高极压性和抗磨性的润滑脂。润滑脂锥入度的大小关系到使用时所能承受的负荷。负荷大应选用锥入度小（稠度较大）的润滑脂。如果既承受重负荷又承受冲击负荷，应选用含有极压添加剂的润滑脂，如含有二硫化钼的润滑脂。

（4）环境条件。环境条件是指润滑点的工作环境和周围介质，如空气湿度、尘埃和是否有腐蚀性介质等。在潮湿环境或与水接触的情况下，可选用抗水性好的润滑脂。如钙基、锂基、复合钙、复合磺酸钙润滑脂。条件苛刻时，应选用加有防锈剂的润滑脂，而不宜选用抗水性差的钠基脂。处在有强烈化学介质环境中的润滑点，应选用抗化学介质的合成润滑脂，如氟碳润滑脂等。

（5）其他。除以上几点外，在选用润滑脂时，还要考虑使用经济性，综合分析使用此润滑脂以后是否延长了润滑周期、加注次数、脂消耗量、轴承的失效率和维修费用等。

（6）润滑脂稠度与应用的关系。

不同牌号润滑脂的适用范围见表 4-5。润滑脂失效参考指标见表 4-6。

表 4-5 润滑脂稠度与适用范围

NLGI 号	适用范围
000 号，00 号	主要用于开式齿轮，齿轮箱的润滑
0 号	主要用于开式齿轮，齿轮箱或集中润滑系统润滑
1 号	主要用于转速较高的针型轴承或滚子轴承润滑
2 号	主要用于中等负荷和中等转速的抗磨轴承润滑，应用最广泛
3 号	主要用于中等负荷和中等转速的抗磨轴承润滑，汽车轮轴承润滑
4 号	主要用于水泵和其他低转速的、高负荷的轴承和轴颈润滑
5 号，6 号	主要用于特殊条件下的润滑，如球磨机轴颈润滑

表 4-6 润滑脂失效参考指标

项目	润滑脂失效参考指标
滴点	润滑脂的滴点降至下述范围时润滑脂应予报废： （1）锂基润滑脂滴点（温度）降至 140℃以下； （2）复合锂基润滑脂滴点（温度）降至 200℃以下； （3）钙基润滑脂滴点（温度）降至 50℃以下； （4）复合钙基润滑脂滴点（温度）降至 180℃以下； （5）钠基润滑脂滴点（温度）降至 120℃以下
稠度	当润滑脂锥入度变化±20%时，润滑脂应予报废
油分	使用后润滑脂含油量/使用前润滑脂含油量，小于 70%时，润滑脂应予报废
灰分	所测试样的灰分变化率大于 50%时，润滑脂应予报废
腐蚀	润滑脂不能通过铜片腐蚀试验，润滑脂应予报废
氧化	润滑脂产生较大的酸败气味，锂基润滑脂酸值大于 0.3 mg/g（KOH）时应更换新脂
机杂	润滑脂在使用过程中混入大于 125 μm 的颗粒杂质时，应更换新脂

二、润滑材料的检测

（一）润滑油的常用检测项目

1. 水分

水分是指油品中的含水量，用百分数表示。在油品中，大多数品种只允许有痕迹（水含量在 0.3%以下）水分，还有部分油品不允许有水分。因为水可以使润滑油乳化、使添加剂分解、促进油品的氧化及增强低分子有机酸对机械的腐蚀、影响油品低温流动性等，对变压器油来说，极微量的水，都会严重影响其绝缘性能。

2. 酸值

润滑油的酸值是表示润滑油中有机酸总含量（在大多数情况下，油品中不含无机酸）的质量指标。润滑油酸值的大小，对润滑油的使用有很大影响。润滑油酸值大，表示润滑油的有机酸含量高,有可能对机械零件造成腐蚀,尤其是有水存在时,这种腐蚀作用可能更明显。另外润滑油在储存和使用过程中被氧化变质,酸值也逐渐增大。常用酸值变化的大小来衡量润滑油的氧化安定性,或作为换油指标。

酸值测定一般采用氢氧化钾对羧酸进行滴定,以中和 1 g 羧酸样品所需氢氧化钾的克数来表示该样品的酸值。

3. 闪点

润滑油的闪点是指在规定条件下,加热油品所逸出的蒸汽和空气组成的混合物与火焰接触发生瞬间闪火时的最低温度,以℃表示。

润滑油的闪点是润滑油的储存、运输和使用的一个安全指标,同时也是润滑油的挥发性指标。闪点低的润滑油挥发性高,容易着火,安全性差;润滑油挥发性高,在工作过程中容易蒸发损失,严重时甚至引起润滑油黏度增大,从而影响润滑油的使用。

从安全角度考虑,石油产品的安全性是根据其闪点的高低来分类的:闪点在 45℃ 以下的为易燃品,闪点在 45℃ 以上的产品为可燃品。

闪点分为开口闪点和闭口闪点两种测定方法。通常挥发性较大的轻质石油产品多用闭口杯法测定。对于多数润滑油及重质油,多用开口杯法测定。

4. 铜片腐蚀

铜片对硫化氢和硫元素的存在非常敏感。铜片在硫元素含量为 15×10^{-6} 的油中,在 50℃ 下经过 3 h 即覆盖上黑色薄层,在含量为 3×10^{-6} 的硫化氢作用下,就会有紫红色斑点。铜片腐蚀试验对生产和使用的意义在于:通过试验可判断油品中是否含有腐蚀金属的活性硫化物;可预知油品在使用时对金属腐蚀的可能性。

由于油品在运输、储存和使用过程中都与金属接触,它所接触的金属当中,除钢铁之外,还有铜和铅合金、铝合金等,尤其与供油系统中的接触金属关系更大,故铜片腐蚀是油品的重要指标。

5. 倾点和凝点

倾点是在规定的条件下被冷却的试样能流动时的最低温度,以℃表示。凝点是试样在规定的条件下冷却至停止移动时的最高温度,以℃表示。倾点或凝点是一个条件试验值,并不等于实际使用的流动极限。但是,倾点或凝点越低,油品的低温性越好。

6. 机械杂质

机械杂质就是指存在于润滑油中不溶于汽油、乙醇和苯等溶剂的沉淀物或胶状悬浮物。机械杂质来源于润滑油的生产、储存和使用中的外界污染或机械本身磨损,大部分是砂石和积碳类,以及由添加剂带来的一些难溶于溶剂的有机金属盐。

机械杂质的测定按 GB/T 511—83 石油产品和添加剂机械杂质测定法(质量法)进行。其过程是:称取 100 g 的试油加热到 70℃~80℃,加入 2~4 倍的溶剂,在已称重的空瓶中的纸上过滤,用热溶剂洗净滤纸瓶再称重,定量滤纸的前后质量之差就是机械杂质的质量,由此求出机械杂质的质量分数。

机械杂质和水分、灰分、残炭都是反映油品纯洁性的质量指标,反映油品精制的程度。对用户来讲,测定机械杂质是必要的,因为润滑油在使用、存储、运输中混入灰尘、泥沙、金属碎屑、铁锈及金属氧化物等，这些杂质的存在，将加速机械设备的磨损，严重时堵塞油路、油嘴和滤油器，破坏正常润滑。另外金属碎屑在一定的温度下，对油起催化作用，应该进行必要的过滤。但是，对于一些加有大量添加剂油品的用户来讲，机械杂质的指标表面上看是大了一些（如一些高档的内燃机油），但其杂质主要是加入了多种添加剂后所引入的溶剂不溶物，这些胶状的金属有机物，并不影响使用效果，用户不应简单地用"机械杂质"的大小去判断油品的好坏，而是应分析"机械杂质"的内容；否则，就会带来不必要的损失和浪费。

7. 残炭

形成残炭的主要物质是油品中的沥青质、胶质及多环芳烃的叠合物。烷烃只起分解反应，完全不参加聚合反应，所以不会形成残炭。不饱和烃和芳香烃在形成残炭的过程中起着很大的作用，但不是所有芳香烃的残炭量都很高，而是随其结构不同而不同。以多环芳香烃的残炭量最高，环烷烃形成残炭量居中。

石油产品中的残炭对生产和使用的影响如下。

（1）残炭是油品中胶状物质和不稳定化合物的间接指标。残炭量越高，油品中不稳定的烃类和胶状物质就越多。例如，裂化原料油若残炭量较高，表明其含胶状物质多，在裂化过程中易生成焦炭，使设备结焦。

（2）用含胶状物质较多的重油制成的润滑油，有较高的残炭量。残炭量可用以间接查明润滑油的精制程度。

8. 灰分

灰分是润滑油在规定条件下完全燃烧后，剩下的残留物（不燃物）。润滑油的灰分主要是由润滑油完全燃烧后生成的金属盐类和金属氧化物所组成，含有添加剂的润滑油的灰分较高。润滑油中灰分的存在，使润滑油在使用中积碳增加，润滑油的灰分过高时，将造成机械零件的磨损，所以对润滑油的"灰分"是严格控制指标的。

9. 黏度

液体受外力作用时，液体分子间产生内摩擦力的性质，称为黏度。黏度通常分为动力黏度（绝对黏度）、运动黏度和条件黏度。

黏度是润滑油流动性能的主要技术指标，绝大多数的润滑油根据其黏度大小来分牌号，因此，黏度是各种机械设备选油的主要依据。润滑油的黏度对润滑油的流动性和它在摩擦表面形成油膜的厚度有很大影响。黏度较大的润滑油，其流动性就差，不易流到摩擦面之间，而在摩擦面之间形成的油膜较厚，在较大负荷情况下，润滑效果比较好；但黏度较大时润滑油的冷却和冲洗作用较差，摩擦面的温度较高。反之，润滑油的黏度较小，其流动性较好，容易流到间隙小的摩擦面之间，可保证润滑效果，机械克服摩擦阻力消耗的功率也较少，润滑油的冷却和冲洗作用较好；但如果润滑油的黏度过小，在较大负荷下，润滑油膜变薄而容易被破坏，使摩擦面容易产生磨损和擦伤。因此，在选择润滑油时，首先必须考虑其黏度大小是否合适。

10. 黏度指数

润滑油的黏度与温度有很大关系。润滑油黏度随温度改变而变化的特性称为黏温特性。

因此，如果是在温度宽的工作区间内使用某一种润滑油，就要求它具备良好的黏温特性。否则，随着使用环境温度变化润滑油黏度急剧变化必将造成机械磨损；而黏度指数正是表示润滑油黏温特性的一种参数。

黏度指数表示一切流体黏度随温度变化的程度。黏度指数越高，表示流体黏度受温度的影响越小，黏度对温度越不敏感。

黏度指数作为润滑油的一种特有性质，不仅是加工石油过程中生产润滑油的质量目标，而且可以帮助用户根据使用环境条件正确选用某种合适的润滑油。

11. 抗乳化性

乳化是一种液体在另一种液体中紧密分散形成乳状液的现象，它是两种液体的混合而并非相互溶解。

抗乳化则是从乳状物质中把两种液体分离开的过程。润滑油的抗乳化性是指油品遇水不乳化，或虽乳化，但经过静置，油—水能迅速分离的性能。

抗乳化性对润滑油使用的意义如下。

（1）乳化液在轴承等处析出水分时，可能破坏油膜。

（2）乳化液有引起腐蚀金属的作用。

（3）乳化液沉积于油循环系统时，损害油的循环，造成供油不足，引起故障。

（4）油乳化后，加速油的变质，使酸值增高，生产较多的沉淀物，进一步增加了油的抗乳化时间。

（5）油乳化后，使润滑油逐渐降低润滑作用，增大各部件间的摩擦，引起轴承过热，以致损坏机件。

（二）润滑脂的常用检测项目

1. 外观

润滑脂的外观是通过目测和感官检验的一个检验项目。通过润滑脂的外观检测可以初步鉴定出润滑脂的种类牌号，推断产品质量。因此在规格标准中，几乎对每种润滑脂都规定了外观这项质量指标。润滑脂的外观检验方法，一般是直接用肉眼观察，但最好用刮刀把它涂抹在玻璃板上，在层厚 1~2 mm 下对光检查，仔细地进行观察。此外，还可以用手捻压来检查判断。

外观检验的主要内容包括颜色、光亮、透明度、黏附性、均一性和纤维状况等。

2. 滴点

润滑脂的滴点是用滴点测定器测定的。在规定的加热条件下，当从仪器的脂杯中滴出第一滴液体或流出 25 mm 时的温度，叫润滑脂的滴点。

滴点在不同情况下可以分别表示润滑脂的几种性质。

（1）表示熔点。滴落温度能近似地表示润滑脂的熔点，但不能作为准确的熔点。

（2）表示分油。在测定热稳定性不好的润滑脂的滴点时，往往皂油分离而滴油。此时并不代表其熔点，而仅能代表其明显的分油温度或分解温度。

（3）表示软化。某些润滑脂并没有发生明显的相转变，也并没有完全熔化，而仅仅是变软，软到一定程度（大约相当于针入度在 400 以上），则成油柱而自然垂下，拉长条而不成滴。此时滴点仅代表其软化温度。

润滑脂的滴点是反映润滑脂随温度升高的软化程度，即从不流动状态到流动状态的温度，因而可以笼统地预期该润滑脂可能达到的使用温度上限，一般最高使用温度要比滴点低20℃～30℃，如果超过这个温度，润滑脂因软化会逐渐流出摩擦面或机械部件，从而失去润滑剂应有的功能。应该指出，有许多润滑脂因常温到滴点之间有数个相转变点，因此它的实际使用温度与滴点无直接关系，即不能用使用温度比滴点温度低20℃～30℃来表示。特别是高滴点润滑脂，如复合皂基脂、膨润土脂等，由于相转变点、稠化剂的稳定性、基础油耐热、抗氧化等因素的影响，滴点和最高使用温度之间更没有直接关系。

3. 锥入度（针入度、穿入度）

润滑脂的锥入度是鉴定润滑脂稠度常用的指标。所谓锥入度值是指标准圆锥体自由下落而穿入装于标准脂杯内的润滑脂，经过 5 s 所达到的深度，其单位为 0.1 mm。

锥入度值反映了润滑脂的软硬程度，是综合了润滑脂的稠厚程度、塑性强度和流动度的一种性状。当圆锥体穿入润滑脂中越深，则锥入度越大，表示该润滑脂越稀软；反之锥入度越小；润滑脂就越硬。

通过锥入度的测定可以了解润滑脂的以下性质：

（1）稠厚程度。虽然人们常把锥入度称作稠度，其实稠度和锥入度是两个不同的概念。稠度是润滑脂的稠厚程度，即浓稠性，而锥入度只是表示其软硬度。锥入度越大，稠度越小；锥入度越小，则稠度越大。

（2）强度。锥入度在一定程度上可以表示润滑脂的塑性强度，也就是指它受应力作用而可能发生变形的程度。从而可以初步了解润滑脂的抗挤压和抗剪断的能力，便于合理地确定它的使用范围。

（3）流动性。锥入度值可以反映润滑脂受外力作用下产生流动的难易程度。锥入度越大，说明润滑脂越软，越易流动；相反则说明润滑脂越硬，要受较大的外力作用才能流动。常用的润滑脂锥入度为220～340，如果锥入度超过400，即失去可塑性而变成流体，此时就失去润滑脂能维持固定形状的特点，而需要不断补充新脂。对于集中润滑系统用脂，则需要选用锥入度值较大，即流动性较好的润滑脂。

与润滑脂的相似黏度和强度极限相比，锥入度值还是不能确切地表示出润滑的特性。因为不同性质的各种润滑脂，虽然具有相近的锥入度值，但在黏度和流动性限度方面也许相差很大，因而工作性能也相差很大。润滑锥入度值一般随温度而变化，温度升高，锥入度值变大；反之则变小。在两个温度下测定的锥入度，其差别越小，则表明润滑脂温度—锥入度性状越好，根据锥入度可以估计润滑脂在工作中的输送性能、启动性能以及对动力消耗的影响。

锥入度是润滑脂主要质量指标。在国家标准中，润滑脂是以锥入度范围作为划分牌号的依据。

4. 腐蚀

润滑脂的重要特点之一是具有防护金属部件产生锈蚀的功能，而腐蚀试验是考查润滑脂本身是否对金属有腐蚀作用的一种方法。因此几乎所有的润滑脂的技术指标中都规定进行腐蚀试验，并成为润滑脂理化性质的主要指标之一。

三、润滑装置

将润滑剂按规定要求送往各润滑点的方法称为润滑方式。为实现润滑剂按确定润滑方式供给而采用的各种零、部件及设备统称为润滑装置。

在选定润滑材料后,就需要用适当的方法和装置将润滑材料送到润滑部位,其输送、分配、检查、调节的方法及所采用的装置是设计和改善维修中保障设备可靠性和维修性的重要环节。其设计要求是,保护润滑的质量及可靠性;合适的耗油量及经济性;注意冷却作用;注意装置的标准化、通用化;合适的维护工作量等。

润滑方式是对设备润滑部位进行润滑时所采用的方法。一般润滑装置根据润滑方式的不同而不同。

(一)油润滑装置

1. 手工给油润滑装置

手工给油润滑装置简单,使用方便,在需润滑的部位开个加油孔即可用油壶、油枪进行加油。一般用于低速、轻负荷的简易小型机械,如各种计算器、小型电动机和缝纫机等。

2. 滴油润滑装置

滴油润滑装置如滴油式油杯,依靠油的自重向润滑部位滴油。其优点是构造简单,使用方便;缺点是给油量不易控制,机械的振动、温度的变化和液面的高低都会改变滴油量。

3. 油池润滑装置

油池润滑是将需润滑的部件设置在密封的箱体中,使需要润滑的零件的一部分浸在油池的油中。采用油池润滑的零件有齿轮、滚动轴承和滑动式止推轴承、链轮、凸轮、钢丝绳等。油池润滑的优点是自动可靠,给油充足;缺点是油的内摩擦损失较大,且引起发热,油池中可能积聚冷凝水。

4. 飞溅润滑装置

飞溅润滑装置利用高速旋转的零件或依靠附加的零件将油池中的油溅散成飞沫向摩擦部件供油。其结构简单可靠。

5. 油绳、油垫润滑

用油绳、毡垫或泡沫塑料等浸在油中,利用毛细管的虹吸作用进行供油。油绳和油垫本身可起到过滤的作用,能使油保持清洁且连续均匀;缺点是油量不易调节,还要注意油绳不能与运动表面接触,以免被卷入摩擦面间。适用于低、中速机械。

6. 油环、油链润滑装置

油环、油链润滑装置只用于水平轴,如风扇、电机、机床主轴的润滑,方法简单,依靠套在轴上的环或链把油池中带到轴上流向润滑部位,油环润滑适用于转速为 50~3 000 r/min 的水平轴。油链润滑最适宜低速机械,而不适宜高速机械。

7. 强制送油润滑装置

强制送油润滑装置分为不循环润滑、循环润滑和集中润滑。强制送油润滑是用泵将油压送到润滑部位,润滑效果、冷却效果好,易控制供油量大小,可靠。广泛使用于大型、重载、高速、精密、自动化的各种机械设备中。

8. 喷雾润滑装置

利用压缩空气将油雾化，再经喷嘴喷射到所润滑表面。由于压缩空气和油雾一起被送到润滑部位，因此有较好的冷却效果。而且也由于压缩空气具有一定的压力，因此可以防止摩擦表面被灰尘所污染；缺点是排出的空气中含有油雾粒子，造成污染。喷雾润滑用于高速滚动轴承及封闭的齿轮，链条等。

油润滑方式的优点是，油的流动性较好，冷却效果佳，易于过滤除去杂质，可用于所有速度范围的润滑，使用寿命较长，容易更换，油可以循环使用，但其缺点是密封比较困难。

（二）脂润滑装置

1. 手工润滑装置

手工润滑装置利用脂枪把脂从注油孔注入或者直接用手工填入润滑部位，属于压力润滑方法，用于高速运转而又不需要经常补充润滑脂的部位。

2. 滴下润滑装置

滴下润滑装置将脂装在脂杯里向润滑部位滴下润滑脂进行润滑。脂杯分为受热式和压力式。

3. 集中润滑装置

集中润滑装置由脂泵将脂罐里的脂输送到各管道，再经分配阀将脂定时定量地分送到各润滑点去。用于润滑点很多的车间或工厂。

与润滑油相比，润滑脂的流动性、冷却效果都较差，杂质也不易除去，因此润滑脂多用于低、中速机械。

（三）固体润滑装置

固体润滑剂通常有四种类型，即整体润滑剂、覆盖膜润滑剂，组合、复合材料润滑剂和粉末润滑剂。如果固体润滑剂以粉末形式混在油或脂中，则润滑装置可采用相应的油、脂润滑装置，如果采用覆盖膜，组合、复合材料或整体零部件润滑剂，则不需要借助任何润滑装置来实现润滑作用。

（四）气体润滑装置

气体润滑一般是一种强制供气润滑系统。例如气体轴承系统，其整个润滑系统是由空气压缩机、减压阀、空气过滤器和管道等组成。

总之，在润滑工作中，对润滑方法及其装置的选择，必须从机械设备的实际情况出发，即设备的结构、摩擦副的运动形式、速度、载荷、精密程度和工作环境等条件来综合考虑。

第三节 设备的润滑管理

一、设备润滑管理的目的和任务

（一）润滑管理的意义

将具有润滑性能的物质施入机器中做相对运动的零件的接触表面上，以减少接触表面的摩擦，降低磨损的技术方式称为设备润滑。施入机器零件摩擦表面上的润滑剂能够牢牢地吸附在摩擦表面上，并形成一种润滑油膜。这种油膜与零件的摩擦表面结合得很强，因而两个摩擦表面能够被润滑剂有效地隔开。这样，零件间接触表面的摩擦就变为润滑剂本身的分子间的摩擦，从而起到降低摩擦、磨损的作用。润滑的作用一般可归结为：控制摩擦、减少磨损、降温冷却、可防止摩擦面锈蚀、冲洗作用、密封作用、减振作用（阻尼振动）等。

自从人类将工具发展成机器以来，人们就认识运动和摩擦、磨损、润滑的密切关系。随着现代工业的发展，现代设备向着高精度、高效率、超大型、超小型、高速、重载、节能、可靠性、维修性等方面发展，导致机械中摩擦部分的工况更加严酷，润滑变得极为重要，许多情况下甚至成为尖端技术的关键，如高温、低温、高速、真空、辐射及特殊介质条件下的润滑技术等。润滑再不仅仅是"加油的方法"的问题了。实践证明，盲目地使用润滑材料，光凭经验搞润滑是不行的，必须掌握摩擦、磨损、润滑的本质和规律，加强这方面的科学技术的开发，建立起技术队伍，实行严格科学的管理，才能收到实际效果。同时，还必须将设计、材料、加工、润滑剂、润滑方法等广泛内容综合起来进行研究。

设备的润滑管理是指对企业设备的润滑工作，进行全面合理的组织和监督，按技术规范的要求，实现设备的合理润滑和节约用油，使设备正常安全地运行。

润滑管理是设备工作的重要内容之一。加强设备的润滑管理工作，并把它建立在科学管理的基础上，对保证企业的均衡生产、保持设备完好并充分发挥设备效能、减少设备事故和故障、提高企业经济效益和社会经济效益都有着极其重要的意义。

润滑管理的目标是合理润滑，而合理润滑应达到以下基本要求：

（1）根据摩擦副的工作条件和作用性质，选用适当的润滑材料；

（2）根据摩擦副的工作条件和作用性质，确定正确的润滑方式和润滑方法，设计合理的润滑装置和润滑系统；

（3）严格保持润滑剂和润滑部位的清洁；

（4）保证供给适量的润滑剂，防止缺油及漏油；

（5）适时清洗换油，既保证润滑又要节省润滑材料。

（二）润滑管理的目的

（1）给设备以正确润滑，减少和消除设备磨损，延长设备使用寿命；

（2）保证设备正常运转，防止发生设备事故和降低设备性能；

（3）减少摩擦阻力，降低动能消耗；

（4）提高设备的生产效率和产品加工精度，保证企业获得良好的经济效果；

（5）合理润滑，节约用油，避免浪费。

（三）润滑管理的基本任务

（1）建立设备润滑管理制度和工作细则，拟定润滑工作人员的职责；

（2）搜集润滑技术、管理资料，建立润滑技术档案，编制润滑卡片，指导操作工和专职润滑工搞好润滑工作；

（3）核定单台设备润滑材料及其消耗定额，及时编制润滑材料计划；

（4）检查润滑材料的采购质量，做好润滑材料入库、保管、发放的管理工作；

（5）编制设备定期换油计划，并做好废油的回收、利用工作；

（6）检查设备润滑情况，及时解决存在的问题，更换缺损的润滑元件、装置、加油工具和用具，改进润滑方法；

（7）采取积极措施，防止和治理设备漏油；

（8）做好有关人员的技术培训工作，提高润滑技术水平；

（9）贯彻润滑的"五定"原则，总结推广和学习应用先进的润滑技术和经验，以实现科学管理。

二、设备润滑管理的组织和制度

（一）润滑管理组织

1. 组织机构

为了保证润滑管理工作的正常开展，企业润滑管理组织机构应根据企业规模和设备润滑工作的需要，合理地设置各级润滑管理组织，配备适当人员，这是搞好设备润滑的重要环节和组织保证。

润滑管理的组织形式目前主要有两种，即集中管理形式和分散管理形式。

（1）集中管理形式：就是在企业设备动力部门下设润滑站和润滑油再生组，直接管理全厂各车间的设备润滑工作。这种管理形式的优点是有利于合理使用劳动力，有利于提高润滑人员的专业化程度、工作效率和工作质量，有利于推广先进的润滑技术。这种组织形式的缺点是与生产的配合较差。所以，这种组织形式主要用于中、小型企业。

（2）分散管理形式：就是在设备动力部门建立润滑总站，下设润滑油配制组、切削液配制组和废油回收再生组，负责全厂的润滑油、切削液和废油再生。车间都设有润滑站，负责车间设备润滑工作。这种形式的优点是能充分调动车间积极性，有利于生产配合，其缺点是技术力量分散，容易忽视设备润滑工作。分散管理形式主要用于大型企业。

2. 润滑管理人员的配备

大中型企业，在设备动力部门要配备主管润滑工作的工程技术人员。小型企业，应在设备动力部门内设专（兼）职润滑技术人员。

根据开展润滑油工况检测和废油再生利用的需要，大中型企业应配备油料化验室和化验员。设有废油处理站的应有专人管理。

润滑技术人员应受过机械或摩擦润滑工程专业的教育，能够正确选用润滑材料，掌握有关润滑新材料的信息，并具备操作一般油的分析和监测仪器、判定油品的优劣程度的能力，不断改进润滑管理工作。

润滑工人是技术工种，除掌握润滑工应有的技术知识外，还应有二级以上维修钳工的技能。要完成清洗、换油、添油工作，经常检查设备润滑状态，做好各种润滑工具的管理，还应协助搞好各项润滑管理业务，定期抽样送检等。

（二）润滑管理制度

1. 润滑材料的入库制度

（1）供销科根据设备动力科提出的润滑材料申请计划，按要求时间及牌号及时采购进厂。

（2）润滑材料进厂后由化验部门对油品主要质量指标进行检验合格后方可发用。采用代用油品必须经设备动力科同意。

（3）润滑材料入库之后应妥善保管以防混杂或变质，所有油桶都应盖好。更不得露天堆放。在库内也不得敞口存放。

（4）润滑材料库存两年以上者，须由化验部门重新化验，合格者发给合格证，不合格者不得使用。

2. 润滑总站和车间分站管理制度

（1）管理本站油库，油桶必须实行专桶专用分类存放，严禁混杂在一起；并标记牌号，盖好盖子。

（2）油料必须要进行三级过滤。

（3）保持库内清洁整齐，所有储油箱每年至少要洗净1～2次，各种用具应放在柜子里。

（4）做好收发油料记录，添油、换油、领发油、废油回收及再生都要登账，按车间分类，每月定期汇总上报设备动力科，抄送财务科、供销科；如某种润滑材料数量不足时，应敦促及时采购。

（5）面向车间，服务生产。认真贯彻润滑"五定"规范。每季度会同车间机械员或维修组长进行一次设备润滑技术状态（包括油箱清洁情况）的检查，检查中发现油杯、油盒、毛线、毛毡缺损等情况要做好记录及时改进，协助车间做好防漏治漏工作。

（6）做好配制切削冷却液和废油回收工作，有条件的单位，可搞废油再生，再生油应进行试验，合格者方可使用（再生油一般用于表面润滑，乳化液应进行稳定性和防锈作用试验）。

（7）油库建筑设施，工业管理及各种机械电气设施都必须符合有关安全规程；严格遵守安全防火制度。

（8）润滑站内人员都要严格遵守润滑管理各项制度，认真履行岗位职责制，积极推广先进润滑技术与润滑管理经验。

（9）管好润滑器具，设备操作者领用油枪油壶要记账，妥善保管，破损者以旧换新，不得丢失。

3. 设备的清洗换油制度

（1）设备清洗换油计划在集中管理的小型企业，由润滑技术员负责编制；在分级管理的大、中型企业由车间机械员负责。精、大、稀设备则会同润滑技术员共同编制。

（2）设备的清洗换油计划，应尽量与一、二级保养及大、中修理计划结合进行。根据油箱清洁普查结果，确定本季（月）换油计划。

（3）换油工作一般以润滑工为主，操作者必须配合。对于精、大、稀设备，维修钳工参加，车间机械员验收。每次换油后，做好记录，发现问题，及时处理。换下的废油及洗涤煤油，注意回收，防止溅落地上。

4. 冷却液的管理制度

（1）切削冷却液的配置，一般由设备动力科润滑站负责，也可由车间润滑工负责，做好及时供应工作。

(2) 切削冷却液应经检验，质量不合格或储存腐败的冷却液不得使用。

(3) 必须严格遵守冷却液配制工艺规程，保证切削液质量良好，防止机床锈蚀。

5. 废油回收及再生制度

根据勤俭节约原则，企业应将废旧油料回收再生使用，防止浪费。在油箱换油时，应将废油送往润滑站进行回收。废油回收率达到油箱容量的85%～95%。废油回收及再生工作应严格按下列要求进行：

(1) 不同种类的废油，应分别回收保管；

(2) 废油程度不同的或混有冷却液的废油，应分别回收保管，以利于再生；

(3) 废洗油和其他废油应分别回收，不得混在一起；

(4) 废旧的专用油及精密机床润滑油，应单独回收；

(5) 储存废油的油桶要盖好，防止灰砂及水混入油内；

(6) 废油桶应有明显的标志，仅作储存废油专用，不应与新油桶混用；

(7) 废油回收及再生场地，要清洁整齐。做好防火安全工作，要做好收发记录，按车间每月定期汇总上报。

（三）润滑工作各级责任制

1. 润滑技术员的职责

(1) 组织全厂设备润滑管理工作，拟定各项管理制度及有关人员的职责范围，经领导批准公布并贯彻执行。

(2) 制定每台设备润滑材料和擦拭材料消耗定额。根据设备开动计划，提出全年、季度、月份的需用申请计划交供销部门及时采购。

(3) 会同厂有关试验部门对油品质量进行试验，提出解决措施。

(4) 编制全厂设备润滑图表和有关润滑技术资料供润滑工、操作者和维修人员使用。

(5) 指导车间维修工和润滑工处理有关设备润滑技术问题，并组织业务学习。

(6) 对润滑系统和给油装置有缺陷的设备，向车间提出改进意见，设备科科长有权停止继续使用。

(7) 根据加工工艺要求和规定，提出切削冷却液的种类、配方和制作方法。

(8) 编制冷却液配制工艺，指导废油回收和再生。

(9) 熟悉国内外有关设备润滑管理经验和先进技术资料，提出有关设备润滑方面的合理化建议，不断改进工作，并及时总结经验加以推广。

(10) 组织新润滑材料、新工具、新润滑装置的试验、鉴定及推广工作，对精、大、稀设备各润滑材料代用提供意见。

2. 润滑工职责

(1) 熟悉所管各种设备的润滑情况和所需的油质油量要求。

(2) 贯彻执行设备润滑的"五定"管理制度，认真执行油料三级过滤规定。

(3) 检查设备油箱的油位，1～2星期检查加油一次，经常保持油箱达到规定的油面。

(4) 按设备换油计划（或一、二级保养计划），在维修钳工、操作工人的配合下，负责设备的清洗换油，保证油箱油的清洗质量。

（5）管好润滑站油库，保持适当储备量（一般为月耗量的1/2），贯彻油库管理制度。

（6）按照油料消耗定额，每天上班前给机床工人发放油料（可采用双油壶制或送油到车间）。

（7）配合车间机械员每季度一次检查设备技术状况和油箱洁净情况，将发现的问题填写在润滑记录本中，及时修理改进。

（8）监督设备操作者正确润滑保养设备。对不遵守润滑图表规定加油者应提出劝告或报告机械员处理。

（9）按规定数量回收废油，遵守有关废油回收再生的规定和冷却液配制规定。

（10）在设备动力科的指导下，进行新润滑材料的试验和润滑器具的改进工作，做好试验记录。

（四）设备润滑的"五定"管理和"三过滤"

设备润滑的"五定管理"和"三过滤"是把日常润滑技术管理工作规范化、制度化，保证搞好润滑工作的有效方法，也是我国润滑工作的经验总结，企业应当认真组织、切实做好。

1. 润滑"五定"管理的内容

（1）定点：根据润滑图表上指定的部位、润滑点、检查点（油标窥视孔）进行加油、添油、换油，检查液面高度及供油情况。

（2）定质：确定润滑部位所需油料的品种、牌号及质量要求，所加油质必须经化验合格。采用代用材料或掺配代用，要有科学依据。润滑装置、器具完整清洁，防止污染油料。

（3）定量：按规定的数量对润滑部位进行日常润滑，实行耗油定额管理，要搞好添油、加油和邮箱的清洗换油。

（4）定期：按润滑卡片上规定的间隔时间进行加油，并按规定的间隔时间进行抽样化验，视其结果确定清洗换油或循环过滤，确定下次抽样化验时间，这是搞好润滑工作的重要环节。

（5）定人：按图表上的规定分工，分别由操作工、维修工和润滑工负责加油、添油、清洗换油，并规定负责抽样送检的人员。

设备部门应编制润滑"五定管理"规范表，具体规定哪台设备、哪个部位、用什么油、加油（换油）周期多长、用什么加油装置、由谁负责等。随着科学技术的发展和经验的积累，在实践中还要进一步充实和完善"五定"管理。

2. "三过滤"

"三过滤"亦称三级过滤，是为了减少油中的杂质含量，防止尘屑等杂质随油进入设备而采取的措施，包括入库过滤，发放过滤和加油过滤。其含义如下：

（1）入库过滤：油液经运输入库、泵入油罐储存时要经过过滤。

（2）发放过滤：油液发放注入润滑容器时要经过过滤。

（3）加油过滤：油液加入设备储油部位时要经过过滤。

三、设备润滑图表

设备润滑图表是指导设备正确润滑的重要基础技术资料,它以润滑"五定"为依据,兼用图文显示出"五定"的具体内容。

(一)设备换油卡片

设备换油卡片见表4-7。它由润滑管理技术人员编制,润滑工记录。

表4-7 设备换油卡片

设备名称:		型号规格:		资产编号:		制造厂:		所在车间:		
润滑部位										
润滑油脂牌号										
消耗定额/kg										
换油周期/月										
润滑记录	日期	油量/kg	日期	油量/kg	日期	油量/kg	日期	油量/kg	日期	油量/kg

(二)清洗换油实施计划表

月清洗换油实施计划表见表4-8。此表由润滑管理技术人员或计划员编制,下达维修组由润滑工实施。

表4-8 月清洗换油实施计划表

年　　月

序号	设备编号	设备名称	型号规格	储油部位	用油牌号	代用油品	换油量/kg	清洗材料		工时/h		执行人	验收签字	备注
								名称	数量	计划	实际			

年度设备清洗换油计划表见表4-9。此表由润滑管理技术人员或计划员编制,下达维修组由润滑工实施。

表 4-9　年度设备清洗换油计划表

车间名称：　　　　　　　　　　　　　　　　　　　　　　　　　　共　页　第　页

序号	设备名称	型号规格	资产编号	换油周期/月	换油计划/月												备注
					1	2	3	4	5	6	7	8	9	10	11	12	

设备动力科长：　　　　　　　润滑技术员：　　　　　　　车间机械员：

（三）换油量、用油量统计表

年、月换油台次，换油量，维护用油量统计表见表 4-10。此表按厂、车间汇总统计，其作用是提供油的总需用量，平衡年换油计划，用来作分析对比。

表 4-10　年、月换油台次，换油量和维护用油量统计表

月份	换油台次		换油量/kg		维护用量/kg		用油量合计		备注
	按年计划	实际	按年计划	实际	按年计划	实际	按年计划	实际	
1									
2									
⋮									
11									
12									
全年									

（四）润滑材料需用申请表

润滑材料需用申请表见表 4-11。此表由润滑管理技术组或润滑管理技术人员负责汇总编制，供分厂、车间报送用油计划时使用。

表 4-11　润滑材料需用申请表

申请单位：　　　　　年度：　　　　　　　　　　　　　　　　　　　共　页　第　页

品号	油品名称	牌号	单位	需用量/kg					单价/元	总金额/元	备注
				全年	一季	二季	三季	四季			

批准：　　　　　　审查：　　　　　　制表：　　　　　　　　　　　　　　　　年　月　日

（五）设备用油和回收综合统计表

年、季度设备用油和回收综合统计表见表 4-12。此表是综合统计表，既可供与计划比较用，又可为编制下一年度需要计划时参考。

表 4-12　年、季设备用油和回收综合统计表

计量单位：kg

季度 \ 油品名称 \ 牌号						废油回收量/kg	备注
一							
二							
三							
四							
全年							

四、润滑的防漏与治漏

（一）漏油的治理

设备漏油的治理是设备管理及维修工作中的主要任务之一。设备漏油不仅浪费大量油料，而且污染环境、增加润滑保养工作量，严重时甚至造成设备事故而影响生产。因此，治

理漏油是改善设备技术状态的重要措施之一。设备漏油的防治是一项涉及面广、技术性强的工作,尤其是近年来密封技术有了很大发展,许多密封新材料、新元件、新装置、新工艺的出现,既对漏油治理提供了条件,也对技术提出了更高的要求,所以要加强其研究和应用以及人员的配备。漏油的治理除少数可在维护保养中解决外,多数需要结合计划检修才能进行,严重泄漏设备必须预先制订好治理方案。

1. 漏油及其分级

对单台设备而言,设备无漏油的标准应达到下列要求:

(1) 油不得滴落在地面上,机床外部密封处不得有渗油现象(外部活动连接处虽有轻微的渗油,但不流到地面上,当天清扫时可以擦掉者,可不算渗油);

(2) 机床内部允许有些渗油,但不得渗入电气箱内和传动带上;

(3) 冷却液不得与润滑系统或工作液压系统的油液混合,也不得漏入滑动导轨面上;

(4) 漏油的处数,不得超过该机床可能造成漏油部位的5%。

设备漏油一般分为渗油、滴油、流油三种:

(1) 渗油:对于固定连接的部位,每半小时滴一滴油者为渗油。对活动连接的部位,每5 min滴一滴油者为渗油。

(2) 滴油:每2~3 min滴一滴油者为滴油。

(3) 流油:每1 min滴五滴以上者为流油。

设备漏油程度等级又分为严重漏油、漏油和轻微漏油三等。

2. 漏油防治的途径

造成漏油的因素是多方面的,有先天性的,如设计不当,加工工艺、密封件和装配工艺中的质量问题;也有后天性的,如使用中的零件,尤其是密封件失效,维修中修复或装配不当等。由于零部件结构形式多种多样,密封的部位、密封结构、元件、材料的千差万别,因此治漏的方法也就各不相同,应针对设备泄漏的因素,从"预防入手,防治结合,对症下药"进行综合性治理。治理漏油的主要途径有以下几种:

(1) 封堵:封堵主要是应用密封技术来堵住界面泄漏的通道,这是最常见的泄漏防治方法。

(2) 疏导:疏导的方法主要是使结合面处不积存油,设计时要设回油槽、回油孔、挡板等属疏导方法防漏。

(3) 均压:存在压力差是设备泄漏的重要原因之一。因此,可以采用均压措施来防治漏油。如机床的箱体因此原因漏油时,可在箱体上部开出气孔,造成均压以防止漏油。

(4) 阻尼:流体在泄漏通道中流动时,会遇到各种阻力,因此可将通道做成犬牙交错的各式沟槽,人为地加大泄漏的路程,加大液流的阻力,如果阻力和压差平衡,则可达到不漏(如迷宫油封属于此类)。

(5) 抛甩:截流抛甩是许多设备上常用的方法,如减速器安装轴承处开有截油沟,使油不会沿轴向外流,有的设备上装有甩油环,利用离心力作用阻止介质沿轴向泄漏。

(6) 接漏:有的部位漏油难以避免,除采用其他方法减少泄漏量外,可增设接油盘、接油杯,或流入油池,或定时清理。

(7) 管理:加强漏油和治漏的管理十分重要,制订防治漏油的计划,配备必要的技术力量，治理工作列入计划修理中，落实在岗位责任制中，在维护和修理中加强质量管理，做到合理拆卸和装配，以不致破坏配合性质和密封装置。加强设备泄漏防治工作骨干的培训工作和普及防治泄漏的知识。

(二) 设备治漏计划

设备管理人员和润滑管理技术人员对漏油设备要做到详细调查，对漏油部位和原因登记制表，并根据漏油的严重程度，安排治漏计划和实施方案。

治理漏油、实施治漏方案不仅是设备维修管理工作的一项任务，也是节能、降低消耗的内容之一，治漏工作应抓好查、治、管三个环节：

(1) 查：查看现象、寻找漏点、分析原因、制定规划、提出措施。

(2) 治：采用堵、封、接、修、焊、改、换等方法，针对实际问题治理漏油。

(3) 管：加强管理，巩固查、治效果。在加强管理上，应结合做好有关工作。比如：建立健全润滑管理制度和责任制，严格油料供应和废油回收利用制度，建立、健全合理的原始记录并做好统计工作，建立润滑站，配备专职人员，加强巡检并制订耗油标准。

一些企业在润滑管理中总结出了治理漏油的十种方法，即勤、找、改、换、缠、回、配、引、垫、焊的设备治漏十字法。

(1) 勤：勤查、勤问、勤治。

(2) 找：仔细寻找漏油部位和原因。

(3) 改：更改不合理的结构和装置。

(4) 换：及时更换失效的密封件和其他润滑元件。

(5) 缠：在油管接头处缠密封带、密封线等。

(6) 回：增加或者扩大回油孔，使回油畅通，不致外溢。

(7) 配：对密封圈及槽沟结合面做到正确选配。

(8) 引：在外溢、外漏处加装引油管、断油槽、挡油板等；

(9) 垫：在结合面加专用纸垫或涂密封胶。

(10) 焊：焊补漏油油孔、油眼。

此外，做好密封工作对防止和减少漏油也会起到积极作用。

练习与思考

一、填空题

1. 摩擦按润滑状态分为_____、_____和_____。其中，_____摩擦因数最小。

2. 磨损的基本类型分_____、_____、_____和_____。影响磨损的主要因素有_____、_____、_____等。

3. 润滑剂按照其物理状态可分为_____、_____、_____和_____四大类。

4. 在润滑油的性能指标中，_____是各种润滑油分类分级的指标，对质量鉴别和确定有决定性意义；_____是间接表示润滑油储运和使用时低温流动性的指标；_____主要是润滑油储运及使用时安全的指标。

5. 润滑油的常用检测有_____、_____、_____、_____、_____、

_____、_____、_____、_____等。

6. 润滑脂的常用检测有_____、_____、_____、_____等。

7. 润滑管理的组织形式目前主要有两种，即_____和_____。

8. 设备润滑管理的"五定"是指_____、_____、_____、_____和_____。设备润滑管理的"三过滤"是指_____、_____和_____。

二、判断题

1. 黏温指数越高的润滑油，其工作温度范围越宽。（　　）
2. 研究零件的磨损规律及特点，是制定合理维修策略的基础。（　　）
3. 润滑油各有其使用性能，要求正确合理选用润滑油，避免代用。（　　）
4. 乳化液在轴承等处析出水分时，可能破坏油膜。（　　）
5. 铜片腐蚀试验可判断油品中是否含有腐蚀金属的活性硫化物并预知油品在使用时对金属腐蚀的可能性。（　　）

三、简答题

1. 画出机械零件磨损特性曲线，简述其不同磨损阶段的特点。
2. 减少磨损的途径有哪些？
3. 润滑油、润滑脂在选用时要考虑哪些要素？
4. 油、脂润滑方式各自的优缺点如何？
5. 什么是设备的润滑管理？其主要工作内容是什么？
6. 合理润滑应达到哪些基本要求？
7. 要认真搞好设备的润滑管理工作，应建立哪些管理制度？

第五章

设备状态监测与故障诊断

当代工业发展的一个重要标志就是设备的技术进步。当代企业的机电设备正朝着大型化、精密化、自动化、流程化、计算机化、智能化、环保化、柔性化、技术综合化和功能多样化等不同方向发展。其结果是生产系统本身的规模变得越来越大，功能越来越全，各部分的关联越来越密切，设备组成与结构越来越复杂。这些变化对于提高生产率、降低生产成本、提高产品质量等起到了积极作用。但另一方面，机械设备一旦发生故障，即造成停产、停工，其造成的经济损失也越来越大。因此，现代化工业对机械设备，乃至一个零件的工作可靠性，都提出了极高的要求。为确保各种机械设备的安全运行，提高其可靠性和安全运转率，就必须加强设备的状态监测管理，及时发现异常情况，加强对故障的早期诊断和预防。而设备状态监测与故障诊断就是为适应这一需要而产生和发展起来的。

设备状态监测与故障诊断技术又称为预测维修技术，是新兴的一门包含很多新技术的多学科性综合技术。简单地说就是通过一些技术手段，对设备的振动、噪声、电流、温度、油质等进行监测与技术分析，掌握设备的运行状态，判断设备未来的发展趋势，诊断故障发生的部位、故障的原因，进而具体指导维修工作。

第一节　设备的状态监测

设备的状态监测是利用人的感官、简单工具或仪器，对设备工作中的温度、压力、转速、振幅、声音、工作性能的变化进行观察和测定。

随着设备的运转速度、复杂程度、连续自动化程度的提高，依靠人的感觉器官和经验进行监测愈发困难。20世纪70年代后期，开始应用电子、红外、数字显示等技术和先进工具仪器监测设备状态，用数字处理各种信号、给出定量信息，为分析、研究、识别和判定设备故障的诊断工作打下基础。

一、设备状态监测的种类

设备状态监测分为主观监测和客观监测两种，在这两种方法中均包括停机监测和不停机监测（又称在线监测）。

（一）主观状态监测

主观状态监测是以经验为主，通过人的感觉器官直接观察设备现象，是凭经验主观判断设备状态的一种监测方法。

生产第一线的维修人员，特别是操作人员对设备的性能、特点最为熟悉，对设备故障征兆和现象，他们通过自己的感官可以看到、听到、闻到和摸到。管理人员应及时到生产现场了解、询问设备异常症状，并亲自去观察、分析和判断，即根据设备异常症状，从设备的先天素质、工艺过程、产品质量、磨损老化情况、维修状况及水平、操作者技术水平及环境因素等诸多方面综合分析，做出正确判断，防止突发故障和事故的发生。

主观监测的经验是在长期的生产活动中积累起来的，在各行各业中人们对不同特点和不同功能的设备、装置都掌握了许多既可靠又简而易行的人工监测的好经验、好方法。

目前，在工业发达国家中，主观监测仍占有很大的比重，占70%左右。在我国有大量的主观监测经验和信息掌握在广大操作、维修和管理人员手中，积极地收集和组织整理这些经验和方法并编成资料，这将是极其有意义的工作。实践证明，有价值的经验是不可忽视的物质财富，不仅对进一步更有效地、更经济地开展主观监测活动有利，而且可以用来培训操作和维修人员提高技术业务能力。

（二）客观状态监测

客观状态监测是利用各种简单工具、复杂仪器对设备的状态进行监测的一种监测方法。

由于设备现代化程度的提高，依靠人的感觉器官凭经验来监测设备状态愈发困难，近年来出现了许多专业性较强的监测仪器，如电子听诊器，振动脉冲测量仪，红外热像仪，铁谱分析仪、闪频仪、轴承检测仪等。由于高级监测仪器价格比较昂贵，除在对生产影响极大的关键设备上使用外，一般多采用简单工具和仪器进行监测。

简单的监测工具和仪器很多，如千分尺、千分表、厚薄塞尺、温度计、内表面检查镜、测振仪等，用这些工、器具直接接触监测物体表面，直接获得磨损、变形、间隙、温度、振动、损伤等异常现象的信息。

二、设备状态监测工作的开展

（一）设备的检查

它是侧重于利用管理职能制定规章制度以及各种报表等，针对设备上影响产品质量、产量、成本、安全和设备正常运转的部位进行日常点检、定期检查和精度检查等，及时发现设备异常，进行调整、换件或抢修，以维持正常的生产，或将不能及时处理的精度降低，功能降低和局部劣化等信息记录下来，作为修理计划的制订和设备更新改造的依据。

（二）设备状态监测

前述的设备日常检查和定期检查，均为企业了解设备在生产过程中状态的、行之有效的作业方法，多年来为企业所采用。然而这种检查有一定的局限性，它并不能定量地测出设备各种参数，确切反映故障征兆、隐患部位、严重程度及发展趋势。因此许多企业在主要生产设备（关键设备）上，采用现代管理手段状态监测及诊断技术预防故障、事故并为预知维修提供依据。

开展状态监测和诊断工作，首先要研究企业生产情况、设备组成结构、实际需要、技术力量、财力资源及管理基础工作等，从获得技术经济效果最佳出发，经分析、研究来确定需进行状态监测的设备。其次是培训专职技术人员，合理选择工具、仪器和方法，经试验后付诸实施。实施中，要责任到人，制定出每台设备的"状态监测登记表"。表中列出监测内容、手段、结果等，负责人员按规定时间进行监测或由装于"在线监测系统"上的记录仪器收集状态信息，监测信息汇总后，供诊断故障，开展预知维修提供依据。

目前设备状态监测的发展趋势是从人工检查逐步实施人、机检查，将设备监测仪器与计算机结合，计算机接收监测信号后，可定时显示或打印输出设备的状态参数（如温度、压力、振动等），并控制这些参数不超出规定的范围，保持设备正常运转和生产的正常进行。以点检为基础，以状态监测为手段，利用计算机迅速、准确、程序控制等功能，实现设备的在线监测将给企业带来极大的经济效益。

（三）设备的在线监测

积极开展设备状态监测和故障诊断工作搞好设备综合管理，不仅要大力进行宣传和推广这方面的工作经验、培训专业技术人才，组织专业队伍，而且要积极开发设备在线监测软件和新的状态监测项目，不断适应现代化大生产的管理需要。

化工、石油、冶金等企业由于生产工艺连续，成套装置流水作业，要求设备可靠性高，故率先广泛应用设备诊断技术，特别是设备在线监测方法，以确保生产顺利进行。对机械、电子、纺织、航空及其他轻工业企业，正在逐步将设备诊断技术用于其他机械设备和动力装置上，特别是用于发电机组、锅炉、空气压缩机等动力发生装置上，采用电子计算机控制的在线监测，以保证设备正常运转，能源供应和安全生产。

第二节　设备的点检

一、设备的点检

为了维持生产设备原有的性能，通过用人的五感（视、听、嗅、味、触）或简单的工具仪器，按照预先设定的周期和方法，对设备上的某一规定部位（点）对照事先设定的标准，进行有无异常的预防性周密检查的过程，以便设备的隐患和缺陷能够得到早期发现，早期预防，早期处理，这样的设备检查称为点检。

开展以点检为基础，以状态监测为手段的预知维修是设备维修方式改革的方向。在设备使用阶段，维修管理是设备管理的主要内容，为了克服预定周期修理的弊端，应采取状态维修，而状态维修的基础是对设备进行检查，掌握设备状态，为维修工作提供依据。

（一）点检的分类

点检的分类方法很多，但通常分类方法可归纳为以下三种。

1. 按点检种类分

（1）良否点检：只检查设备的好坏，即设备劣化程度的检查，以判断设备的维修时间。

（2）倾向点检：通常用于突发故障型设备的点检，对这些设备进行劣化倾向性检查，并进行倾向管理，预测维修时间或更换周期。

2. 按点检方法分

（1）解体检查。

（2）非解体检查。

3. 按点检周期分

（1）日常点检。日常点检是由操作工人进行的，主要是利用感官检查设备状态。当发现异常现象后，经过简单调整、修理可以解决的，由操作工人自行处理，当操作工人不能处理时，反映给专业维修人员修理，排除故障，有些不影响生产正常进行的缺陷劣化问题，待定期修理时解决。

（2）定期点检。定期点检是一种计划检查，由维修人员或设备检查员进行，除利用感官外，还要采用一些专用测量仪器。点检周期要与生产计划协调，并根据以往维修记录、生产情况、设备实际状态和经验修改点检周期，使其更加趋于合理。定期点检中发现问题，可以处理的应立即处理，不能处理的可列入计划预修或改造计划内。

（3）精密点检。用精密仪器、仪表对设备进行综合性测试调查，或在不解体的情况下应用诊断技术，即用特殊仪器、工具或特殊方法测定设备的振动、磨损、应力、温升、电流、电压等物理量，通过对测得的数据进行分析比较，定量地确定设备的技术状况和劣化倾向程度，以判断其修理和调整的必要性。精密点检一般由专职维修人员（含工程技术人员）进行定期或不定期检查测定。

精密点检的主要检测方法如下：

（1）无损探损：用于检测零部件的缺陷、裂纹等。

（2）振动噪声测定：主要用于高速回转机械的不平衡、轴心不对中、轴承磨损等的定期测定。

（3）铁谱、光谱分析：用于润滑油中金属磨粉数量、大小、形状的定期测定分析。

（4）油液取样分析：用于润滑油、液压油、变压器油的劣化程度分析。

（5）应力、扭矩、扭振测试：用于传动轴、压力容器、起重机主梁等。

（6）表面不解体检测：为一般工具无法检测的部位，使用专门技术与专门仪器进行检测。

（7）继保、绝保试验：用于变压器、电机、开关、电缆等周期性的保护试验。

（8）开关类试验：SF6等开关的接触电阻值测试。

（9）电气系统测试：有可控硅漏电测试，传动保护试验，传动系统接触脉冲及特性测试等。

（二）点检的内容

1. 日常点检内容及方法

日常点检是检查与掌握设备的压力、温度、流量、泄漏、给脂状况、异音、振动、龟裂（折损）、磨损、松弛等十大要素。其方法主要以采取视、听、触、摸、嗅五感为基本方法，有些重要部位借助于简单仪器、工具来测量。

2. 设备定期点检的内容

（1）设备的非解体定期检查；

（2）设备解体检查；

（3）劣化倾向；

（4）设备的精度测试；

(5) 系统的精度检查及调整；

(6) 油箱油脂的定期成分分析及更换添加；

(7) 零部件更换，劣化部位的修复等。

（三）点检的主要工作

虽然设备点检的内容因设备种类和工作条件的不同而差别较大，但设备的点检都必须认真做好以下几个环节的工作：

(1) 确定检查点。一般将设备的关键部位和薄弱环节列为检查点。尽可能选择设备振动的敏感点；离设备核心部位最近的关键点和容易产生劣化现象的易损点；

(2) 确定点检项目，就是确定各检查部位（点）的检查内容；

(3) 制定点检的判定标准。根据制造厂家提供的技术和实践经验制定各检查项目的技术状态是否正常的判定标准；

(4) 确定检查周期。根据检查点在维持生产或安全方面的重要性和生产工艺的特点，并结合设备的维修经验，制定点检周期；

(5) 确定点检的方法和条件。根据点检的要求，确定各检查项目所采用的方法和作业条件；

(6) 确定检查人员。确定各类点检（如日常点检、定期点检、专项点检）的负责人员，确定各种检查的负责人；

(7) 编制点检表。将各检查点、检查项目、检查周期、检查方法、检查判定标准以及规定的记录符号等制成固定表格，供点检人员检查时使用；

(8) 做好点检记录和分析。点检记录是分析设备状况、建立设备技术档案、编制设备检修计划的原始资料；

(9) 做好点检的管理工作，形成一个严密的设备点检管理网；

(10) 做好点检人员的培训工作。

设备点检的"五定"是指定点、定法、定标、定期、定人。这是设备点检工作的最核心要素。

（四）专职点检人员的点检业务及职责

(1) 制定点检标准和给油脂标准，零部件编码，标准工时定额等基础资料。

(2) 编制各类计划及实绩记录。

(3) 按计划认真进行点检作业，对岗位操作工或运行工进行点检维修业务指导，并有权进行督促和检查，有问题要查明情况及时处理。

(4) 编制检修项目预定表，并列出月度检修工程计划。

(5) 根据点检结果和维修需要，编制费用预算计划并使用。

(6) 根据备件预期使用计划和检修计划的需要，编制维修资材需用计划及资材领用等准备工作。

(7) 收集设备状态情报进行倾向管理、定量分析、掌握机件劣化程度。

(8) 参加事故分析处理，提出修复、预防及改善设备性能的意见。

(9) 提供维修记录，进行有关故障、检修、费用等方面的实绩分析，提出改善设备的对策和建议。

（10）参与精密点检。

（五）劣化倾向管理

为了把握对象设备的劣化倾向程度和减损量的变化趋势，必须对其故障参数进行观察，实行定期的劣化量测定，对设备劣化的定量数据进行管理，并对劣化的原因、部位进行分析，以控制对象设备的劣化倾向，从而预知其使用寿命，最经济地进行维修。

劣化倾向管理的实施步骤如下：

（1）确定项目：即选定倾向管理的对象设备和管理项目。

（2）制订计划：设计编制倾向管理图表。

（3）实施与记录：对测得的数据进行记录，并画出倾向管理曲线图表。

（4）分析与对策：进行统计分析，找出劣化规律，预测更换和修理周期，提出改善对策。

（六）设备技术诊断的内容

这是由专业点检员委托专业技术人员来担当的对设备的定量测试。主要包括以下内容：

（1）机械检测：振动、噪声、铁谱分析、声发射。

（2）电气检测：绝缘、介质损耗。

（3）油质检测：污染、黏度、红外油料分析。

（4）温度检测：点温、热图像。

（七）点检设备的"五大要素"及设备的"四保持"

1. 点检设备的"五大要素"

（1）紧固；

（2）清扫；

（3）给油脂；

（4）备品备件管理；

（5）按计划检修。

2. 设备的"四保持"

（1）保持设备的外观整洁；

（2）保持设备的结构完整性；

（3）保持设备的性能和精度；

（4）保持设备的自动化程度。

（八）设备的五层防护线

为确保设备运转正常，日常点检、定期点检、精密点检（含精度测试）、设备技术诊断和设备维修结合在一起，构成了设备完整的防护体系。具体可分为以下五个层次：

1. 操作人员的日常点检

通过日常点检，一旦发现异常，除及时通知专业点检人员外，还能自己动手排除异常，进行小修理，这是预防事故发生的第一层防护线。

2. 专业点检员的专业点检

主要依靠五官或借助某些工具、简易仪器实施点检，对重点设备实行倾向检查管理，发现和消除隐患，分析和排除故障，组织故障修复，这是第二层防护线。

3. 专业技术人员的精密点检及精度测试检查

在日常点检、定期专业点检的基础上，定期对设备进行严格的精密检查、测定、调整和分析，这是第三层防护线。

4. 设备技术诊断

设备技术诊断是一种在运转时或非解体状态下，对设备进行点检定量测试，帮助专业点检员作出决策，防止事故的发生，这是第四层防护线。

5. 设备维修

通过上述四层防护线，可以摸清设备劣化的规律，减缓劣化进度和延长机件的寿命，但还有可能发生突发性故障，这时就要维修。维修技术的高低又直接影响设备的劣化速度，因此需要一支维修技术高、责任心强的维修队伍，可以说设备维修也是点检制的一个重要环节，这是设备的第五层防护线。

二、设备点检制

设备点检制是一种以点检为核心的设备维修管理体制，是实现设备可靠性、维护性、经济性达到最佳化，实现全员设备维修管理（TPM）的一种综合性基本制度。在这种体制下，专职点检员既负责设备点检，又从事设备管理，生产、点检、维修三方之间点检管理方处于核心地位，最佳的费用，高质量地管理好设备，确保设备安全、顺行、持续、运转，这是每一个专职点检员的重要职责。点检制具有以下几个特点：

（1）生产工人参加日常设备点检是全员设备维修管理中不可缺少的一个方面，日常点检的要求（部位、内容、标准、周期）则由专业点检员制定、提供，并进行作业指导、检查和评价。

（2）专业点检员分区域对设备负责，既从事设备点检，又负责设备的管理。

（3）有一套科学的点检基准，业务流程和推进工作的组织体制。

（4）有比较完善的仪器、仪表及检测手段和现代化的维修设施。

（5）有一个完善的操作、点检、维修三位一体的 TPM 体制。

（6）推行以作业长制为中心的现代化基层管理方式。

第三节　设备的故障诊断

一、设备故障诊断技术的发展

近 20 多年来，设备现代化水平大幅度提高，向大型化、连续化、高速化、自动化、电子化迅速发展，使设备的效率和效益均大大增长，设备本身也愈发昂贵，一旦发生故障或事故，会造成极大的直接和间接损失。因此，在运行中保持设备的完好状态，监测故障征兆的发生与发展，诊断故障的原因、部位、危险程度，采取措施防止和控制突发故障和事故的出现，已成为设备管理的主要课题之一。

20 世纪 70 年代以来，世界上发达国家都在工业领域中大力发展设备诊断技术，使设备处于最佳状态并发挥其最大效能。近年来，我国各行业也在大力推行设备状态监测与故障诊断，特别是化工、石油化工、冶金等行业已取得初步成效，目前正在积极开发状态监测软件，朝着更加广泛、深入的方向发展。

二、设备诊断技术的含义与内容

设备诊断技术是一门涉及数学、物理、化学、力学、声学、电子技术、机械、传感技术、计算机技术和信号处理技术等多学科的综合性学科。它依靠先进的传感技术与在线检测技术，采集设备的各种具有某些特征的动态信息，并对这些信息进行各种分析和处理，确认设备的异常表现，预测其发展趋势，查明其产生原因、发生的部位和严重的程度，提出针对性的维护措施和处理方法，这一切构成了现代设备管理制度——按状态维修的方法。

随着设备复杂程度的增加，机械设备的零部件数目正以等比级数递增。各种零部件受力状态和运行状态不同，如变形、疲劳、冲击、腐蚀、磨损和蠕变等因素以及它们之间的相互作用，各零部件具有不同的失效原因和失效周期。设备的故障过程实际上是零部件的失效过程。机械故障诊断实质上就是利用机器运行过程中各个零部件的二次效应（如由磨损后增大的间隙所造成的振动），由现象判断本质，由局部推测整体，由当前预测未来。它是以机械为对象的行为科学，其最终目的就是力图发挥出设备寿命周期的最大效益。

设备诊断技术在设备综合管理中具有重要的作用，表现如下所述。

（1）它可以监测设备状态，发现异常状况，防止突发故障和事故的发生，建立维护标准，开展预知维修和改善性维修；

（2）较科学地确定设备修理间隔期和内容；

（3）预测零件寿命，搞好备件生产和管理；

（4）根据故障诊断信息，评价设备先天质量，为改进设备的设计、制造、安装工作和提高换代产品的质量提供依据。

目前，国内外应用于机械设备故障诊断技术方面的检测、分析和诊断的主要方法有：振动和噪声诊断法、磨损残留物、泄漏物诊断法、温度、压力、流量和功率变化诊断法和应变、裂纹及声发射诊断法。

实行按状态维修必须根据不同机器的特点，选择恰当的诊断方法。一般来说，应以一种方法为主，逐步积累原始数据和实践经验。国内外应用最广泛的是振动和噪声诊断法。

三、设备故障诊断技术的分类

设备诊断技术按诊断方法的完善程度可分为简易诊断技术和精密诊断技术，如图 5-1 所示。

（一）简易诊断技术

简易诊断技术就是使用各种便携式诊断仪器和工况监视仪表，仅对设备有

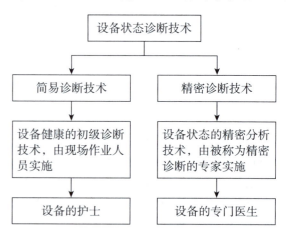

图 5-1 设备诊断技术的基本系统

无故障及故障严重程度作出判断和区分。它可以宏观地、高效率地诊断出众多设备有无异常，因而费用较低。所以，简易诊断技术是诊断设备"健康"状况的初级技术，主要由现场作业人员实施。为了能对设备的状态迅速有效地作出概括的评价，简易诊断技术应具备以下的功能：

（1）设备所受应力的趋向控制和异常应力的检测；

（2）设备的劣化、故障的趋向控制和早期发现；

（3）设备的性能、效率的趋向控制和异常检测；

（4）设备的监测与保护；

（5）指出有问题的设备。

（二）精密诊断技术

精密诊断技术就是使用较复杂的诊断设备及分析仪器，除了能对设备有无故障及故障的严重程度作出判断及区分外，在有经验的工程技术人员参与下，还能对某些特殊类型的典型故障的性质、类别、部位、原因及发展趋势作出判断及预报。它的费用较高，由专业技术人员实施。

精密诊断技术的目标，就是对简易诊断技术判定为"大概有点异常"的设备进行专门的精确诊断，以决定采取哪些必要措施。所以，它应具备的功能包括：① 确定异常的形式和种类；② 了解异常的原因；③ 了解危险程度，预测发展趋势；④ 了解改善设备状态的方法。

四、设备诊断过程及基本技术

（一）设备诊断过程

设备诊断过程如图 5-2 所示。

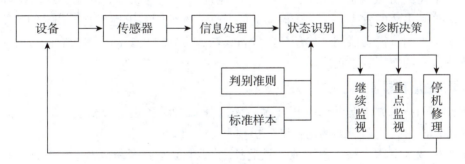

图 5-2　设备诊断过程

（二）设备诊断基本技术

1. 检测技术

在进行设备诊断时，首先要定量检测各种参数。有些数值可直接测得，也有许多应该检测部位的数值不能直接测得，因此首先要考虑的是对各种不同的参数值如何监测。哪些项目需长期监测、短时监测或结合修理进行定期测定等。一般对于不需长期监测的量可采取定期停机测定并修理；对不能直接测到的数据可转换为与之密切相关的数据进行检测。尽量采用在运转过程中不拆卸零、部件的情况下进行检测。在达到同样效果的情况下，尽量选择最少的参数进行检测。

根据设备的性质与要求，正确地应用与选择传感器也是很重要的问题：有些参数的取得，不需要传感器，例如测定表面温度。而有些参数不仅需要传感器，而且要连续监测。要恰当地选择传感器装置以获取与设备状态有关的诊断信息。

2. 信号处理技术

信息是诊断设备状态的依据，如果获取的信号直接反映设备状态，则与正常状态的规定值相比较即可得出设备处于某种状态的结论。但有些信号却伴有干扰，如声波、振动信号等，故需要滤波。通过数据压缩，形式变换等处理，正确地提取与设备状态和故障有关的征兆特征量，即为信号处理技术。

3. 识别技术

根据特征量识别设备的状态和故障，先要建立判别函数，确定判别的标准，然后再将输入的特征量与设备历史资料和标准样本比较，从而获得设备的状态或故障的类型、部位、性质、原因和发展趋势等结论性意见。

4. 预测技术

预测技术就是预测故障将经过怎样的发展过程，何时达以危险的程度，推断设备的可靠性及寿命期。

5. 振动和噪声诊断技术

振动和噪声诊断方法就是通过对机器设备表面部件的振动和噪声的测量与分析，通过运用各种仪器对运转中机械设备的振动和噪声现象进行监测，以防范因振动对各种运转设备产生的不良影响。监视设备内部的运行状况进而预测判断机器设备的"健康"状态。它在不停机的情况下监测机械振动状况，采集和分析振动信号，判断设备状态，从而搞好预防维修，防止故障和事故的发生。正由于振动的广泛性、参数的多维性、测振技术的遥感性和实用性，决定了人们将振动监测与诊断列为设备诊断技术的最重要的手段。它的方便性、在线性和无损性使它的应用越来越广泛。

6. 润滑油磨粒检测技术

磨料监测的技术方法有铁谱分析技术、光谱分析技术和磁塞分析法，以及过滤分析法等。在故障诊断中，应用最多的是铁谱分析技术。

铁谱分析技术也称"铁相学"或"铁屑技术"。它是通过分析润滑油中的铁磁磨粒判断设备故障的技术。其工作过程为：带有铁磁性磨粒的润滑油，流过一个高强度、高磁场梯度的磁场时，利用磁场力使铁磁性磨粒从润滑油中分离出来，并且按照磨粒颗粒的大小，沉积在玻璃基片上制成铁谱基片（简称谱片），通过观察磨粒的形状和材质，判断磨粒产生的原因，通过检测磨料的数量和分布，判断设备磨损程度。

7. 无损探伤技术

无损探伤是指在不损伤物体构件的前提下，借助于各种检测方法，了解物体构件的内部结构和材质状态的方法。无损探伤技术包括超声波探伤、射线探伤、磁粉探伤、渗透探伤以及声发射检测方法。在工业生产和故障诊断中目前应用最为广泛的就是超声波探伤技术。

所谓超声波探伤法是指由电振荡在探头中激发高频声波,高频声波入射到构件后若遇到缺陷,会反射、散射、衰减,再经探头接收转换为电信号,进而放大显示,根据波形确定缺陷的部位、大小和性质,并根据相应的标准或规范判定缺陷的危害程度的方法。

8. 温度监测技术

温度监测技术是利用红外技术等温度测量的方法,检测温度变化,对机械设备上某部分的发热状态进行监测,发现设备异常征兆,从而判断设备的运行状态和故障程度的技术。其中红外监测技术是非接触式的,具有测量速度快、灵敏度高、范围广、远距离、动态测量等特点,在高低压电器、化工、热工、工业窑炉以及电子设备工作状态监测和运行故障的诊断中,比其他诊断技术有着不可替代的优势。在机械设备故障诊断中,温度监测也可作为其他诊断方法的补充,在工业领域中被广泛应用。

五、设备诊断工作的开展

设备状态监测与诊断工作正在我国各大中型企业中逐步开展起来,由于企业生产性质、工艺流程特点,设备管理的水平和技术力量配备的不同,这一工作发展尚不平衡,开展的规模和程序也各不相同,为了更有效地开展这项工作,现把开展诊断工作的步骤加以归纳如下:

(1) 全面搞清企业生产设备的状况。包括性能、结构、工作能力、工作条件、使用状态、重要程度等;

(2) 确定全厂需要监测和诊断的设备:如重点关键设备,故障停机对生产影响大、损失大的设备。根据急需程度和人力物力条件,先在少数机台上试点,总结经验后,逐渐推广;

(3) 确定需监测设备的监测点、测定参数和基准值,及监测周期(连续、间断、间隔时间、如一月、一周、一日等);

(4) 根据监测及诊断的内容,确定监测方式与结构,选择合适的方法和仪器;

(5) 建立组织机构和人工、电脑系统、制定记录报表、管理程序及责任制等;

(6) 培训人员,使操作人员及专门人员不同程度地了解设备性能、结构、监测技术、故障分析及信号处理技术,监测仪器的使用、维护保养等;

(7) 不断总结开展状态监测、故障诊断工作的实践经验,巩固成果,摸索各类零部件的故障规律、机理。进行可靠性、维修性研究,为设计部门提高可靠性、维修性设计,不断提高我国技术装备素质,提供科学依据,为不断提高设备诊断技术水平和拓宽其应用范围提供依据。

第四节 设备的故障管理

设备故障,一般是指设备或系统在使用中丧失或降低其规定功能的事件或现象。设备是企业为满足某种生产对象的工艺要求或为完成工程项目的预计功能而配备的。在现代化生产中,由于设备结构复杂,自动化程度很高,各部分、各系统的联系非常紧密,因而设备出现故障,哪怕是局部的失灵,都可能造成整个设备的停顿,整个流水线、整个自动化车间的停产。设备故障直接影响企业产品的数量和质量。因此，世界各国，尤其是工业发达国家都十分重视设备故障及其管理的研究，我国一些大中型企业，也在 20 世纪 80 年代初开始探索故障发生的规律，对故障进行记录，对故障机理进行分析，以采取有效的措施来控制故障的发生，这就是我们所说的设备故障管理。

一、设备故障的分类

设备故障是多种多样的，可以从不同角度对其进行分类。

（一）按故障的发生状态分类

（1）渐发性故障：是由于设备初始参数逐渐劣化而产生的，大部分机器的故障都属于这类故障。这类故障与材料的磨损、腐蚀、疲劳及蠕变等过程有密切的关系。

（2）突发性故障：是各种不利因素以及偶然的外界影响共同作用而产生的，这种作用超出了设备所能承受的限度。例如：因机器使用不当或出现超负荷而引起零件折断；因设备各项参数达到极值而引起的零件变形和断裂。此类故障往往是突然发生的，事先无任何征兆。突发性故障多发生在设备初期使用阶段，往往是由于设计、制造、装配以及材质等缺陷，或者操作失误、违章作业而造成的。

（二）按故障的性质分类

（1）间断性故障：指设备在短期内丧失其某些功能，稍加修理调试就能恢复，不需要更换零部件。

（2）永久性故障：指设备某些零部件已损坏，需要更换或修理才能恢复使用。

（三）按故障的影响程度分类

（1）完全性故障：导致设备完全丧失功能。

（2）局部性故障：导致设备某些功能丧失。

（四）按故障发生的原因分类

（1）磨损性故障：由于设备正常磨损造成的故障。

（2）错用性故障：由于操作错误、维护不当造成的故障。

（3）固有的薄弱性故障：由于设计问题使设备出现薄弱环节，在正常使用时产生的故障。

（五）按故障的发生、发展规律分类

（1）随机故障：故障发生的时间是随机的。

（2）有规则故障：故障的发生有一定规律。

每一种故障都有其主要特征，即所谓故障模式，或故障状态。各种设备的故障状态是相当繁杂的，但可归纳出以下数种：异常振动、磨损、疲劳、裂纹、破裂、过度变形、腐蚀、剥离、渗漏、堵塞、松弛、绝缘老化、异常声响、油质劣化、材料劣化、黏合、污染及其他。

二、设备故障的分析方法

在故障管理工作中，不但要对每一项具体的设备故障进行分析，查明发生的原因和机理，采取预防措施，防止故障重复出现。同时，还必须对本系统、企业全部设备的故障基本

状况、主要问题、发展趋势等有全面的了解，找出管理中的薄弱环节，并从本企业设备着眼，采取针对性措施，预防或减少故障，改善技术状态。因此，对故障的统计分析是故障管理中必不可少的内容，是制定管理目标的主要依据。

（一）故障信息数据收集与统计

1. 故障信息的主要内容

（1）故障对象的有关数据有系统、设备的种类、编号、生产厂家、使用经历等；

（2）故障识别数据有故障类型、故障现场的形态表述、故障时间等；

（3）故障鉴定数据有故障现象、故障原因、测试数据等；

（4）有关故障设备的历史资料。

2. 故障信息的来源

（1）故障现场调查资料；

（2）故障专题分析报告；

（3）故障修理单；

（4）设备使用情况报告（运行日志）；

（5）定期检查记录；

（6）状态监测和故障诊断记录；

（7）产品说明书，出厂检验、试验数据；

（8）设备安装、调试记录；

（9）修理检验记录。

3. 收集故障数据资料的注意事项

（1）按规定的程序和方法收集数据；

（2）对故障要有具体的判断标准；

（3）各种时间要素的定义要准确，计算相关费用的方法和标准要统一；

（4）数据必须准确、真实、可靠、完整，要对记录人员进行教育、培训，健全责任制；

（5）收集信息要及时。

4. 做好设备故障的原始记录的要求

（1）跟班维修人员做好检修记录，要详细记录设备故障的全过程，如故障部位、停机时间、处理情况、产生的原因等，对一些不能立即处理的设备隐患也要详细记载；

（2）操作工人要做好设备点检（日常的定期预防性检查）记录，每班按点检要求对设备做逐点检查、逐项记录。对点检中发现的设备隐患，除按规定要求进行处理外，对隐患处理情况也要按要求认真填写。以上检修记录和点检记录定期汇集整理后，上交企业设备管理部门；

（3）填好设备故障修理单，当有关技术人员会同维修人员对设备故障进行分析处理后，要把详细情况填入故障修理单，故障修理单是故障管理中的主要信息源。

（二）故障分析内容与方法

1. 故障原因分类

开展故障原因分析时，对故障原因种类的划分应有统一的原则。因此，首先应将本企业的故障原因种类规范化，明确每种故障所包含的内容。划分故障原因种类时，要结合本企业拥有的设备种类和故障管理的实际需要。其准则应是根据划分的故障原因种类，容易看出每种故障的主要原因或存在的问题。当设备发生故障后进行鉴定时，要按同一规定确定故障的原因（种类）。当每种故障所包含的内容已有明确规定时，便不难根据故障原因的统计资料发现本企业产生设备故障的主要原因或问题。

2. 典型故障分析

在原因分类分析时，由于各种原因造成的故障后果不同，因此，通过这种分析方法来改善管理与提高经济性的效果并不明显。

典型故障分析则从故障造成的后果出发，抓住影响经济效果的主要因素进行分析，并采取针对性的措施，有重点地改进管理，以求取得较好的经济效果。这样不断循环，效果就更显著。

影响经济性的三个主要因素是：故障频率、故障停机时间和修理费用。故障频率是指某一系统或单台设备在统计期内（如一年）发生故障的次数；故障停机时间是指每次故障发生后系统或单机停止生产运行的时间（如几小时）。以上两个因素都直接影响产品输出，降低经济效益。修理费用是指修复故障的直接费用损失，包括工时费和材料费。

典型故障分析就是将一个时期内（如一年）企业（或车间）所发生的故障情况，根据上述三个因素的记录数据进行排列，提出三组最高数据，每一组的数量可以根据企业的管理力量和发生故障的实际情况来定。如设定10个数据，则分别将三个因素中最高的10个数据的原始凭证提取出来，根据记录的情况进一步分析和提出改进措施。

3. MTBF 分析法

设备的 MTBF 是一项在设备投入使用后较易测定的可靠性参数，它被广泛用于评价设备使用期的可靠性。设备的 MTBF 可通过 MTBF 分析求得，同时还可以对设备故障是怎样发生的有所了解。MTBF 分析一般按下述步骤进行。

（1）选择分析对象。为了分析同一型号、规格且使用条件相似的多台设备的故障规律及 MTBF，所选分析对象（设备）应具有代表性，它在使用中的各种条件，如使用环境、操作人员、加工产品、切削负荷、台时利用年、维修保养等条件，都应处于设备允许范围的中间值备群的特性。分析对象（设备）MTBF 不应相差悬殊，否则，应认真检查原始记录有无问题。对使用条件、故障内容等作详细研究分析，确定是否由起支配作用的故障造成。若查不出原因，就只能将 MTBF 分析结果作废。

（2）规定观测时间。记录下观测时间内该设备的全部故障（故障修理）。观测时间应不短于该设备中寿命较长的磨损件的修理（更换）期，一般连续观测记录 2~3 年，可充分发现影响 MTBF 的故障（失效）。要全部记录下观测期内发生的全部故障（无论停机时间长短），包括突发故障（事后修复）和将要发生的故障（通过预防维修排除）的有关数据资料、故障部位（内容）、处理方法、发生日期、停机时间、修理的工时、修理人员数等，并保证数据的准确性。

（3）数据分析。将在观测期内，设备的故障间隔期和维修停机时间按发生时间先后依次排列形成如图 5-3 所示的图形。

将各故障间隔时间 $t_1, t_2, \cdots, t_n$ 相加，除以故障次数 n_0 即可以得

$$\text{MTBF} = \sum_{i=1}^{n} t_i / n_0$$

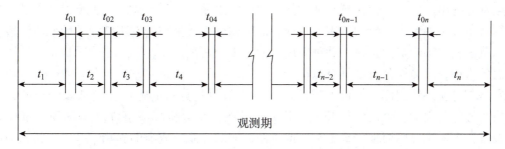

图 5-3　观测期内设备的故障间隔期和维修停机时间分布

将各次修理的停机时间 t_{01}，t_{02}，…，t_{0n} 相加，除以修理故障次数 n_0 即可得到平均修理时间为

$$\text{MTTR} = \sum_{i=1}^{n} t_{0i}/n_0$$

如果 MTBF 的分析目的是为了了解故障的发生规律，则应把所有原因造成的故障，包括非设备本身原因造成的故障都统计在内。如果测定 MTBF 的分析目的是求得可靠性数据，则应在故障统计中剔除那些非正常情况造成的故障，如明显的超设备性能使用、人为的破坏、自然灾害等造成的设备故障。

如果把记录故障的工作一直延续进行下去，当设备进入使用的后期（损耗故障期），将会出现故障密集现象，不但易损件，就连一些基础件也连续发生故障而形成故障流，且故障流的间隔时间也显著缩短。通过多台相同设备的故障记录分析，就可以科学地估计该设备进入损耗故障期的时间，为合理地确定进行预防修理的时间创造条件。

4. 统计分析法

通过统计某一设备或同类设备的零部件（如活塞、填料等）因某方面技术问题（如腐蚀强度等）所发生的故障，占该设备或该类设备各种故障的百分比，然后分析设备故障发生的主要问题所在，为修理和经营决策提供依据的一种故障分析法，称为统计分析法。

5. 分步分析法

分步分析法是对设备故障的分析范围由大到小、由粗到细逐步进行，最终必将找出故障频率最高的设备零部件或主要故障的形成原因，并采取对策。这对大型化、连续化的现代工业，准确地分析故障的主要原因和倾向，是很有帮助的。

6. 故障树分析法

1) 故障树分析法的产生与特点

从系统的角度来说，故障既有因设备中具体部件（硬件）的缺陷和性能恶化所引起的，也有因软件如自控装置中的程序错误等引起的。此外，还有因为操作人员操作不当或不经心而引起的损坏故障。

20 世纪 60 年代初，随着载人宇航飞行，洲际导弹的发射，以及原子能、核电站的应用等尖端和军事科学技术的发展，都需要对一些极为复杂的系统做出有效的可靠性与安全性评价；故障树分析法就是在这种情况下产生的。

故障树分析法简称 FTA（Failure Tree Analysis），是 1961 年由美国贝尔电话研究室的华特先生首先提出的。其后，在航空和航天的设计、维修，原子反应堆、大型设备以及大型电子计算机系统中得到了广泛的应用。目前，故障树分析法虽还处在不断完善的发展阶段，但其应用范围正在不断扩大，是一种很有前途的故障分析法。

总的来说，故障树分析法具有以下特点。

它是一种从系统到部件，再到零件，按"下降型"分析的方法。它从系统开始，通过由逻辑符号绘制出的一个逐渐展开成树状的分枝图，来分析故障事件（又称顶端事件）发生的概率。同时也可以用来分析零部件或子系统故障对系统故障的影响，其中包括人为因素和环境条件等在内。

它对系统故障不但可以做定性的分析，也可以做定量的分析；不仅可以分析由单一构件所引起的系统故障，而且也可以分析多个构件不同模式故障而产生的系统故障情况。因为故障树分析法使用的是一个逻辑图，因此，不论是设计人员还是使用和维修人员都容易掌握和运用，并且由它可派生出其他专门用途的"树"。例如，可以绘制出专用于研究维修问题的维修树，用于研究经济效益及方案比较的决策树等。

由于故障树是一种逻辑门所构成的逻辑图，因此适合于用电子计算机来计算；而且对于复杂系统的故障树的构成和分析，也只有在应用计算机的条件下才能实现。

显然，故障树分析法也存在一些缺点。其中主要是构造故障树的多余量相当繁重，难度也较大，对分析人员的要求也较高，因而限制了它的推广和普及。在构造故障树时要运用逻辑运算，在其未被一般分析人员充分掌握的情况下，很容易发生错误和失察。例如，很有可能把重大影响系统故障的事件漏掉；同时，由于每个分析人员所取的研究范围各有不同，其所得结论的可信性也就有所不同。

2）故障树的构成和顶端事件的选取

一个给定的系统，可以有各种不同的故障状态（情况）。所以在应用故障树分析法时，首先应根据任务要求选定一个特定的故障状态作为故障树的顶端事件，它是所要进行分析的对象和目的。因此，它的发生与否必须有明确定义；它应当可以用概率来度量；而且从它起可向下继续分解，最后能找出造成这种故障状态的可能原因。

构造故障树是故障树分析中最为关键的一步。通常要由设计人员、可靠性工作人员和使用维修人员共同合作，通过细致的综合与分析，找出系统故障和导致系统该故障的诸因素的逻辑关系，并将这种关系用特定的图形符号，即事件符号与逻辑符号表示出来，成为以顶端事件为"根"向下倒长的一棵树——故障树。它的基本结构及组成部分如图5-4所示。

3）故障树用的图形符号

在绘制故障树时需应用规定的图形符号。它们可分为两类，即逻辑符号和事件符号，其中常用的符号分别如图5-5和图5-6所示。

三、设备故障管理的程序

设备故障管理的目的是在故障发生前通过设备状态的监测与诊断，掌握设备有无劣化情况，以期发现故障的征兆和隐患，及时进行预防维修，以控制故障的发生；在故障发生后，及时分析原因，研究对策，采取措施排除故障或改善设备，以防止故障的再发生。

要做好设备故障管理，必须认真掌握发生故障的原因，积累常发故障和典型故障资料和数据，开展故障分析，重视故障规律和故障机理的研究，加强日常维护、检查和预修。这样

系统失效状态（顶端事件）

按由下向上顺序逐级用“与门”“或门”或其他逻辑符号来表示导致系统失效的中间事件（原因）及其相互逻辑关系

在逻辑符号的上方或对于其他有待分析其原因的事件用矩形的符号表示，并用文字加以说明

到最后一级即不能或不需要再进一步分辨的基本事件用圆形的事件符号表示，并用文字加以说明

图 5-4　故障树的基本结构

符号	名称	因果关系
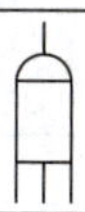	与门	输入端所有事件同时出现时才有输出
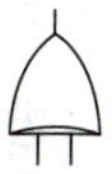	或门	输入端只要有一个事件出现时即有输出
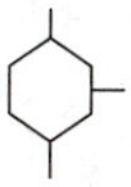	禁门	输入端有条件事件时才有输出
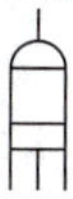	顺序门	输入端所有事件按从左到右的顺序出现时才有输出
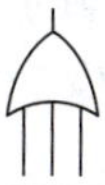	异或门	输入端事件中只能有一个事件出现时才有输出

图 5-5　逻辑符号

就可避免突发性故障和控制渐发性故障。

设备故障管理的程序如下：

（1）做好宣传教育工作，使操作工人和维修工人自觉地遵守有关操作、维护、检查等规章制度，正确使用和精心维护设备，对设备故障进行认真的记录、统计和分析。

（2）结合本企业生产实际和设备状况及特点，确定设备故障管理的重点。

（3）采用监测仪器和诊断技术对重点设备进行有计划的监测，及时发现故障的征兆和劣化的信息。一般设备可通过人的感官及一般检测工具进行日常点检、巡回检查、定期检查（包括精度检查）、完好状态检查等，着重掌握容易引起故障的部位、机构及零件的技术状态和异常现象的信息。同时要建立检查标准，确定设备正常、异常、故障的界限。

（4）为了迅速查找故障的部位和原因，除了通过培训使维修、操作工人掌握一定的电气、液压技术知识外，还应把设备常见的故障现象、分析步骤、排除方法汇编成故障查找逻

符号	名称	含义
 ○	圆形	基本事件，有足够的原始数据
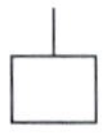 ▯	矩形	由逻辑门表示出的失效事件
 ◇	菱形	原因未知的失效事件
 ◈	双菱形	对整个故障树有影响，有待进一步研究的，原因尚未知的失效事件
 ⌂	屋形	可能出现也可能不出现的失效事件
 △▽	三角形	连接及传输符号

图 5-6　事件时间符号

辑程序图表，以便在故障发生后能迅速找出故障部位与原因，及时进行故障排除和修复。

（5）完善故障记录制度。故障记录是实现故障管理的基础资料，又是进行故障分析、处理的原始依据。记录必须完整正确。维修工人在现场检查和故障修理后，应按照"设备故障修理单"的内容认真填写，车间机械员（技师）与动力员按月统计分析报送设备动力管理部门。

（6）及时进行故障的统计与分析。车间设备机械员（技师）、动力员除日常掌握故障情况外，应按月汇集"故障修理单"和维修记录。通过对故障数据的统计、整理、分析，计算出各类设备的故障频率、平均故障间隔期，分析单台设备的故障动态和重点故障原因，找出故障的发生规律，以便突出重点采取对策，将故障信息整理分析资料反馈到计划部门，进一步安排预防修理或改善措施计划，还可以作为修改定期检查间隔期、检查内容和标准的依据。

根据统计整理的资料，可以绘出统计分析图表，例如单台设备故障动态统计分析表是维修班组对故障及其他进行目视管理的有效方法，既便于管理人员和维修工人及时掌握各类型设备发生故障的情况，又能在确定维修对策时有明确目标。

（7）针对故障原因、故障类型及设备特点的不同采取不同的对策。对新设置的设备应加强使用初期管理，注意观察、掌握设备的精度、性能与缺陷，做好原始记录。在新设备使用中加强日常维护、巡回检查与定期检查，及时发现异常征兆，采取调整与排除措施。重点设备进行状态监测与诊断。建立灵活机动的具有较高技术水平的维修组织，采用分部修复、成组更换的快速修理技术与方法，及时供应合格备件。利用生产间隙整修设备。

对已掌握磨损规律的零部件采用改装更换等措施。

（8）做好控制故障的日常维修工作。通过区域维修工人的日常巡回检查和按计划进行的设备状态检查所取得的状态信息和故障征兆，以及有关记录、分析资料，由车间设备机械员（技师）或修理组长针对各类型设备的特点和已发现的一般缺陷，及时安排日常维修，便于利用生产空隙时间或周末，做到预防在前，以控制和减少故障发生。对某些故障征兆、隐患，日常维修无力承担的，则反馈给计划部门另行安排计划修理。

（9）建立故障信息管理流程图，如图5-7所示。

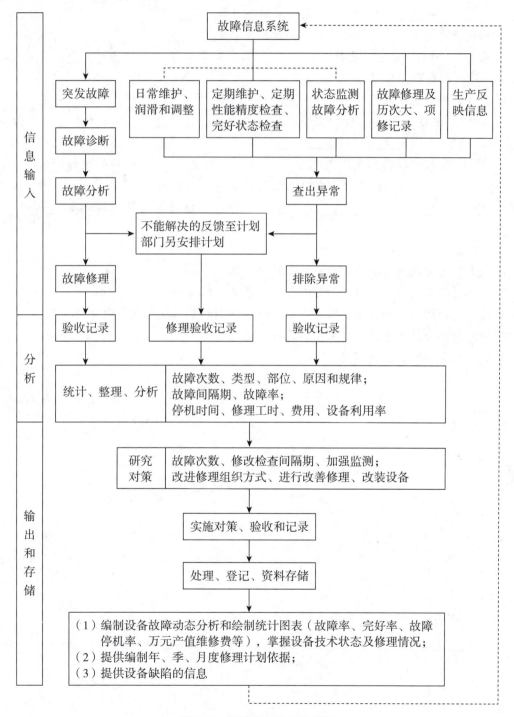

图5-7 故障信息管理流程图

练习与思考

一、填空题

1. 点检的分类方法很多，按点检种类分为＿＿＿＿和＿＿＿＿；按点检方法分为＿＿＿＿和＿＿＿＿；按点检周期分为＿＿＿＿和＿＿＿＿。

2. 固定资产的净值又称折余价值，是固定资产的＿＿＿＿减去其＿＿＿＿的差额。

3. 设备点检的"五定"是指＿＿＿、＿＿＿、＿＿＿、＿＿＿、＿＿＿。这是设备点检工作的最核心要素。

4. 设备的五层防护线是＿＿＿、＿＿＿、＿＿＿、＿＿＿和＿＿＿。

5. 点检设备的"五大要素"是＿＿＿、＿＿＿、＿＿＿、＿＿＿和＿＿＿。设备的"四保持"是＿＿＿、＿＿＿、＿＿＿、＿＿＿。

6. 设备故障按故障的发生状态分为＿＿＿＿和＿＿＿＿；按故障的影响程度分为＿＿＿＿和＿＿＿＿；按故障的影响程度分为＿＿＿＿和＿＿＿＿；按故障发生的原因分为＿＿＿＿、＿＿＿＿和＿＿＿＿；按故障发展规律分为＿＿＿＿和＿＿＿＿。

二、简答题

1. 设备状态监测的种类有哪些？各有什么特点？
2. 什么是设备的点检？点检的主要工作和基本内容有哪些？
3. 设备诊断的含义和基本内容是什么？设备诊断的基本技术有哪些？
4. 设备故障分析的方法有哪些？各有什么特点？
5. 简述设备故障管理的程序。

第六章

设备的修理

设备在使用过程中，其零部件会逐渐产生磨损、老化、变形、锈蚀甚至断裂，导致设备的精度、性能和生产率下降，使设备发生故障、事故乃至报废。设备的修理就是对技术状态劣化到某一临界状态时或发生故障的设备为保持或恢复其规定功能和性能而采取的一系列的技术措施，包括更换或修复磨损失效的零件，对整机或局部进行拆装、调整等。

在组织设备修理工作中，一定要贯彻预防为主的方针，合理地确立设备的定修模型，采取日常检查、定期检查、状态监测和诊断等手段，准确把握设备的技术状态，加强修理的计划性，避免盲目维修、过剩维修或维修不足。要协调好修理与生产的关系，搞好备件的保障工作，积极采用新技术、新工艺、新材料和现代科学管理方法在修理中的运用，通过有效的维修方式，减少设备的停歇时间，降低维修费用，确保修理质量。

第一节 维修方式与修理类别

一、设备维修方式

设备维修方式具有维修策略的含义。现代设备管理强调对各类设备采用不同的维修方式，就是强调设备维修应遵循设备物质运动的客观规律，在保证生产的前提下，合理利用维修资源，达到寿命周期费用最经济的目的。

（一）事后维修

事后维修就是对一些生产设备，不将其列入预防修理计划，在发生故障后或性能、精度降低到不能满足生产要求时再进行修理。事后维修能够最大限度地利用设备的零部件，提高了零部件使用的经济性，常用于修理结构简单、易于修复、利用率很低以及发生故障停机后对生产无影响或影响很小的设备。

（二）预防维修

预防维修是为了防止设备性能、精度劣化或为了降低故障率，按事先规定的修理计划和技术要求而进行的维修活动。对重点设备和重要设备实行预防维修，是贯彻《设备管理条例》规定的"预防为主"方针的重点工作。预防维修主要有以下维修方式。

1. 定期维修

定期维修就是对设备进行周期性维修。它是根据零件的失效规律，事先规定修理间隔期、修理类别和工作内容、修理工作量等。该修理方式计划性强，有利于做好修前准备工作，主要适用于已掌握设备磨损规律且生产稳定、连续生产的流程式生产设备、动力设备、大量生产的流水作业和自动线上的主要设备以及其他可以统计开动台时的设备。苏联的设备计划预修制度是定期维修的典型形式。

由于设备劣化的规律各异，对修理内容和时间难以做出正确的估计，故定期维修容易造成过剩维修，经济性较差。我国在引入实施苏联计划预修制度的经验基础上，结合企业自身的特点，对计划预修制进行了改进和完善，创造出了具有中国特色的计划预修制度，主要有计划预防维修制和计划保修制两种。

计划预防维修制简称计划预修制。它是根据设备的磨损规律，按预定修理周期及其结构对设备进行维护、检查和修理，以保证设备经常处于良好的技术状态的一种设备维修制度。其主要特征如下。

（1）按规定要求，对设备进行日常清扫、检查、润滑、紧固和调整等，以减缓设备的磨损，保证设备正常运行。

（2）按规定的日程表对设备的运动状态、性能和磨损程度等进行定期检查和校验，以便及时消除设备隐患，掌握设备技术状况的变化情况，为设备定期检修做好准备。

（3）有计划、有准备地对设备进行预防性修理。

计划保修制又称保养修理制。它是把维护保养和计划检修结合起来的一种修理制度。其主要特点如下：

（1）根据设备的特点和状况，按照设备运转小时（产量或里程）等，规定不同的维修保养类别间隔期。

（2）在保养的基础上制定设备不同的修理类别和修理周期。

（3）当设备运转到规定时限时，不论其技术状况如何，都要严格地按要求进行检查、保养或计划修理。

计划保修制对计划预修制中的修理周期结构，包括大修、中修和小修的界限和规定，进行了重大的突破，使小修的全部内容和中修的部分内容，在三级保养中得到了解决，一部分中修内容并入大修。同时，又突破了大修和革新改造的界限，强调"修中有改""修中有创"，特别是对老设备，要把大修的重点转移到改造上来，这是适合我国具体情况的重要经验。计划保修制是一种专群结合、以防为主、防修结合的设备维修制度，取得了较好的效果。

2. 状态监测维修

这是一种以设备技术状态为基础的，按实际需要进行修理的预防维修方式。它是在状态监测和技术诊断基础上，掌握设备劣化发展情况，在高度预知的情况下，适时安排预防性修理，又称预知维修。

这种维修方式的基础是将各种检查、维护、使用和修理，尤其是诊断和监测提供的大量信息，通过统计分析，正确判断设备的劣化程度、故障或将要发生故障的部位和原因、技术状况的发展趋势，从而采取正确的维修策略。这样能充分掌握维修活动的主动权，做好修前准备，并且可以和生产计划协调安排，既能提高设备的可利用率，又能充分发挥零件的最大寿命。由于受到诊断技术发展的限制，同时，设备诊断与监测系统的费用高昂，因此，它主要适用于重点设备、利用率高的精、大、稀类设备等，代表企业设备维修的发展方向。

（三）改善维修

改善是为了消除设备的先天性缺陷或频发故障，修理时，对设备的局部结构或零部件进行改进设计，以改善设备的可靠性和维修性。改善维修主要是针对设备重复性故障进行局部改装，提高零部件的性能和寿命，使故障间隔期延长或消除故障，从而降低故障率、停修时间和维修费用。它是预防维修方式的一项重要发展。

（四）无维修设计

无维修设计是指产品的理想设计，其目标是达到使用中无须维修的目的。在设备设计时，就着眼于消除造成维修的原因，使设备无故障地运转或减少维修作业，它是一种维修策略，也称维修预防。目前无维修设计见于两种情况，一种是生产批量大的家用电器产品，如电视机、录像机、录音机等；另一种是安全可靠性要求极高的设备，如核能设备、航天器等。它们几乎不需要维护和修理，欲达此目的，需要先进的科学技术作保证，需要科学的技术反馈系统，反复地进行试验研究，才能逐步接近或实现。对于机械设备，要达到无故障，技术上很难，费用也高，因此主要适用于十分贵重和停机损失很大的设备，某些部件已采用无维修设计，如采用长效润滑脂密封式高速磨头。在产品设计中体现无维修设计的概念，对改进和提高机器产品的可靠性是有益的。

综上所述，每一种维修方式各有其适用范围，正确地选择维修方式，就能以最小的费用达到最大的效果。具体选择时，应考虑的因素有企业的生产性质、生产纲领、生产过程、设备特点及对生产的影响、设备使用条件及环境、安全要求、合理利用维修资源（人力、材料、备件、设备等）等。

二、修理类别

修理类别是根据修理内容和要求以及工作量大小，对设备修理工作的划分。预防维修的修理类别有：大修、项修、小修、定期检查试验和定期精度调整等。

（一）大修

设备大修是工作量最大的一种有计划的彻底性修理。大修时，对设备的全部或大部分部件解体检查，修复基础件，更换或修复全部不合用的零件；修复、调整电气系统；修复设备的附件以及翻新外观等，从而达到全面消除修前存在的缺陷，恢复设备规定的精度和性能。

（二）项修

项目修理是根据设备的结构特点及存在的问题，对技术状态劣化已达不到生产工艺要求的某些项目，按实际需要进行的针对性修理，恢复所修部分的性能。

（三）小修

小修是维持性修理，不对设备进行较全面的检查、清洗和调整，只结合掌握的技术状态的信息进行局部拆卸、更换和修复部分失效零件，以保证设备正常的工作能力。

（四）定期维护或定期检查

该项工作通常列入计划修理来进行，做到及时掌握设备的技术状态，发现和清除设备隐患以及较小故障，以减少突发故障的发生。

（五）定期精度检查

对精、大、稀机床的几何精度进行有计划的定期检查并调整，使其达到或接近规定的精度标准，保证其精度稳定以满足加工要求。

（六）定期预防性试验

对动力设备、锅炉与压力容器、电气设备、起重运输设备等安全性要求高的设备，由专业人员按规定期限和规定要求进行试验，如耐压、绝缘、电阻、接地、安全装置、指示仪表、负荷、限制器、制动器等的试验。通过试验可及时发现问题，消除隐患或安排修理。

第二节　修理计划的编制

设备修理计划是建立在设备运行理论和工作实践的基础之上，计划的编制要准确、真实地反映生产与设备互相关联的运动规律。因为它不仅是企业生产经营计划的重要组成部分，而且也是企业设备维修组织与管理的依据。计划项目编制得正确与否，主要取决于采用的依据是否确切，是否科学地掌握了设备真实的技术状况及变化规律。

设备修理计划包括按时间进度编制的计划和按修理类别编制的计划两大类。按时间进度编制的计划有年度计划、季度计划和月份计划，计划中包括大修、项修、小修、更新设备的安装和技术改造等；按修理类别编制的计划通常为年度大修理计划，以便于大修理费用的管理。有的企业也编制项修、小修、预防性试验和定期精度调整的分列计划。

正确地编制设备修理计划，可以统筹安排设备的修理和修理需要的人力、物力和财力，有利于做好修理前的准备工作，缩短修理停歇时间，节约修理费用，并可与生产密切配合，既保证生产的顺利进行，又保证检修任务的按时完成。设备修理计划是贯彻执行设备计划预修制的重要保证。

一、编制设备修理计划的依据

（一）设备的技术状态

设备的技术状态是指在用设备所具有的性能、精度、生产效率、安全、环境保护和能源消耗等的技术状态。设备在使用过程中，由于生产性质、加工对象、工作条件及环境条件等因素对设备的作用，致使设备在设计制造时所确定的工作性能或技术状态将不断降低或劣化。设备完好率、故障停机率和设备对均衡生产影响的程度等，是反映企业设备技术状况好坏的主要指标。设备技术状态的信息主要来自下述两方面：

（1）设备技术状态的普查鉴定。企业设备普查的主要任务是摸清设备存在的问题，提出修理意见，填写设备技术状态普查表，以此作为编制计划的基础资料。

（2）设备日常检查、定期检查、状态监测记录、维修记录等原始凭证及综合分析资料等。

（二）生产工艺及产品质量对设备的要求

适应生产的需要是设备修理的目的，因此，产品质量对设备的要求是着重考虑的依据之一。如设备的实际技术状况不能满足工艺要求，则应安排计划修理。

（三）安全与环境保护的要求

根据国家和有关主管部门的规定，设备的安全防护装置不符合规定，排放的气体、粉尘、液体污染环境时，应安排改善修理。

（四）设备的修理周期与修理间隔期

设备的修理周期和修理间隔期是根据设备磨损规律和零部件使用的寿命，在考虑到各种客观条件影响程度的基础上确定的，这也是编制修理计划的依据之一。

修理周期，是指相邻两次大修理之间或新设备安装使用到第一次大修理之间的时间间隔。修理间隔期，是指相邻两次修理（无论大修、中修或小修）之间的时间间隔。修理周期结构，是指在修理周期内，大、中、小修理的次数和排列的次序。

除上述依据外，编制修理计划还应考虑下列问题：

（1）生产急需的、影响产品质量的、关键工序的设备应重点安排修理。力求减少重点、关键设备生产与维修的矛盾；

（2）应考虑到修理工作量的平衡，使全年修理工作能均衡地进行。对应修设备应按轻重缓急尽量安排计划；

（3）应考虑修前生产技术准备的工作量和时间进度；

（4）精密设备检修的特殊要求；

（5）生产线上单一关键设备，应尽可能安排在节假日中检修，以缩短停歇时间；

（6）连续或周期性生产的设备（热力、动力设备）必须根据其特点适当安排，使设备修理与生产任务紧密结合；

（7）同类设备，尽可能安排连续修理；

（8）综合考虑设备修理所需的技术、人力、物力、财力等。

二、设备修理计划的编制

（一）设备修理计划的内容

设备修理计划的编制中，要规定企业计划期内修理设备的名称、修理种类、内容、时间、工时、停工天数、修理所需材料、配件及费用预算等。

（二）设备修理计划的编制原则

（1）安排修理计划时，要先重点，后一般，保关键，并把一般设备中历年失修的设备安排好。

（2）安排修理进度时，要做好修理所需工作量和维修部门的检修能力的平衡工作。

（3）安排修理进度时，要与生产计划密切配合、互相衔接，把因维修所造成的生产损失降低到最低程度。

（4）在设备修理周期定额的基础上，对设备状况记录资料和检查结果充分研究分析后，确定设备的修理日期和内容。

（5）要运用系统工程、网络计划技术等先进管理方法，缩短修理停歇时间，降低修理费用，充分发挥设备的效能。

(三) 设备修理计划的编制

1. 年度修理计划

年度修理计划是企业全年设备检修工作的指导性文件。它是企业修理工作的大纲，一般只对设备的修理数量、修理类别、修理日期作大体的安排。具体内容要在季、月度计划中再作详细安排。

编写设备年度修理计划时、一般按收集资料、编制草案、平衡审定和下达执行四个程序，于每年9月开始着手进行。

（1）收集资料：编制修理计划前，除做好资料收集和分析工作外，还应做好必要的现场核实工作。

（2）编制草案：编制草案应遵循的原则，一是充分考虑下一年度生产计划对设备的要求，力求减少重点、关键设备的生产与维修之间的矛盾，做到维修计划与生产计划协调安排；二是对应修设备分清轻重缓急，重点设备优先安排，以防止失修和维修过剩；三是综合考虑、合理利用资源。正式草案提出前，设备管理部门的计划人员应组织维修技术人员、备件管理人员和使用单位有关人员讨论协商，力求达到技术经济方面的合理性，并考虑与前一年度修理计划执行情况的协调。

（3）平衡审定：计划草案编制后，交各车间、生产计划、工艺、技术、财务等部门讨论，提出项目增减、轻重缓急的变化，修理停歇时间的长短，交付修理日期、修理类别的变化等修改意见，再由设备管理部门综合平衡后，正式编制出修理计划并送交主管领导批准。

修理计划按规定表格填写，内容包括设备的自然状况（使用单位、资产编号、名称、型号）、修理复杂系数、修理类别或内容、时间定额、停歇天数及计划进度、承修单位等。还应编写计划说明，提出计划重点、薄弱环节及注意解决的问题，并提出解决关键问题的初步措施和意见。

（4）下达执行：年度计划由企业生产计划部门下达各有关部门，作为企业生产经营计划的重要组成部分进行考核。

2. 季度修理计划

它是年度修理计划的实施计划，必须在落实停修时间、修理技术、生产准备工作及劳动组织的基础上编制。按设备的实际技术状况和生产的变化情况，它可能使年度修理计划有变动。季度修理计划在前一季度第二个月开始编制。可按编制计划草案、平衡审定、下达执行三个基本程序进行，一般在上季度最后一个月10日前由计划部门下达到车间，作为其季度生产计划的组成部分加以考核。

3. 月份修理计划

它是季度计划的分解，是执行修理计划的作业计划，是检查和考核企业修理工作好坏最基本的依据。在月份修理计划中，应列出应修项目的具体开工、竣工日期，对跨月项目可分阶段考核。应注意与生产任务的平衡，要合理利用维修资源。一般每月中旬编制下个月份的修理计划，经有关部门会签、主管领导批准后，由生产计划部门下达，与生产计划同时检查考核。

4. 滚动计划

它是一种远近结合、粗细结合、逐年滚动的计划。由于长期计划的期限长、涉及面广，有些因素难以准确预测,为保证长期计划的科学性和正确性,在编制方法上可采用滚动计划法。

在编制滚动计划时,先确定一定的时间长度(如三年、五年)作为计划期;在计划期内,根据需要将计划期分为若干时间间隔,即滚动期,最近的时间间隔中的计划为实施计划,内容要求较详尽,以后各间隔期内的计划为展望计划,内容较粗略;在实施过程中,在下个滚动期到来前,要根据条件的变化情况对原定计划进行修改,并加以延伸,拟定出新的即将执行的实施计划和新的展望计划。

三、设备修理计划的变更、检查与考核

修理计划是按科学程序制定的,是企业组织设备管理与维修的指导性文件,也是企业生产经营计划的重要组成部分,具有严肃性,必须加强调度,认真执行,努力完成。当确因特殊情况需要对计划进行变更修改时,应按原审批程序,经申请批准后,方可执行变更的计划。申请调整修改时可考虑以下情况:

(1)设备技术状态急剧下降、突发故障或出现设备事故而影响设备性能和生产正常进行时,可提前修理或增补项目。

(2)设备技术状态劣化比预期的慢,与计划投修期矛盾,则可酌情推迟修理时间或改变修理类别。

(3)已投修的设备,经解体鉴定后发现,实际需要修理的内容与计划差别过大,则可酌情改变修理类别和停修时间。

(4)设备已达到计划投修期,但修前准备不足,会导致修理不能按原计划如期开工和完工,此时可酌情推迟修理时间。

(5)生产任务改变或产品结构变更,此时为适合生产形势和产品的工艺要求,可提前或延后修理时间,或增减修理台项。

在计划执行过程中,要做好检查、鉴定、验收和考核工作。除按季、月检查计划执行情况外,年中还应进行半年计划执行情况小结,分析总结并调整下半年计划。抓好设备修理质量的鉴定、验收工作,对不合格者要安排计划,及时加以返修。

主管部门对设备修理计划执行情况进行考核、评比和奖惩。各项计划指标要逐级落实,考核计划检修完成率、设备完好率、事故率、返修率、工时利用率以及设备停修限额和修理成本等。

第三节 修理计划的实施

设备维修计划的实施包括:做好修前准备工作、组织维修施工和竣工验收。

一、修前的准备工作

修前准备包括修前技术准备和修前生产准备。做好修前准备工作,是完成修理计划、保证修理质量、提高维修效率和降低修理成本的技术保证和物质保证。

(一)修前技术准备

修前技术准备工作由主修技术人员负责。它是为修前生产准备服务的,包括对需要修理

设备的技术状态的修前预检、编制修理技术文件和专用工检研具的设计等，有时还包括改善维修和技术改造的设计。如果修理中采用新工艺，本企业又无实践经验，则必要时还应在修前进行试验，这也应列为修前技术准备工作的内容。

1. 设备的修前预检

预检工作是做好修前准备工作的基础和制订修理措施计划的依据。预检的目的是全面深入掌握待修设备实际技术状况（包括设备的精度、性能、零件缺损、安全防护装置的可靠性、附件状况等）和了解生产对该设备的工艺要求，以便为修理准备更换件、专用工检研具和编制专用修理工艺等收集原始资料。通过预检，还应对设备的常发故障部位是否应进行改善维修加以分析论证和制订方案。

预检的时间应根据设备的复杂程度确定。通常中、小型设备在修前2～4个月进行预检；大型复杂设备的修前准备周期较长，其预检时间为修前4～6个月。

预检的准备工作包括：阅读设备使用说明书，熟悉设备的构造和性能，查阅设备档案（如设备安装验收记录、事故报告、历次计划修理的竣工报告、近期定期检查记录及设备普查后填报的设备技术状况等），以便了解设备的历史和现状；查阅设备的图册，为测绘、校对更换件或修复件的图样作准备；分析、确定预检时需解体检查的部件和预检内容，并安排预检计划。

预检工作由主修技术人员主持，操作人员、维修人员、车间机械动力师参加。

预检的内容包括：

（1）由设备操作工人介绍设备的技术状况（如精度是否满足产品工艺要求，性能出力是否下降，气、液压系统及润滑系统是否正常和有无泄漏，附件是否齐全，安全防护装置是否灵敏可靠等）和设备的使用情况。

（2）由维修人员介绍设备的事故情况、易发故障部位及现存的主要缺陷等。

（3）检查各导轨面的磨损情况（测出导轨面的磨损量）和外露件、部件的磨损情况。

（4）检查设备的各种运动是否达到规定的速度，特别应注意高速时的运动平稳性、振动和噪声以及低速时有无爬行现象；同时检查操纵系统的灵敏性及可靠性。

（5）对金属切削机床，一般按说明书的出厂精度标准逐项检查，记录实测精度值，同时还应了解产品工艺对机床精度的要求，以便确定修理工艺和修后达到的精度标准。

（6）检查安全防护装置，包括各指示仪表、安全连锁装置、限位装置等是否灵敏可靠，各防护板、罩有无损坏。

（7）对设备进行部分解体检查，以便了解内部零件的磨损情况。

（8）对预检中发现的故障和故障隐患（工作量不大的）及时进行排除，重新组装，交付生产继续使用，并尽力做到该设备在拆机修理前能正常运行。

预检应达到的要求是，全面掌握设备存在的问题，认真做好记录，明确产品工艺对设备的精度要求；确定更换件和修复件，一次提出的齐全率要达到75%～80%，同时达到三不漏提（大型复杂的铸锻件、外购件、关键件）；测绘或校对的修换件图样应准确可靠，能保证制造和修配的要求。

对于经常修理的、不太复杂的通用设备，或不通过预检可以掌握实际状况，能顺利进行修前准备的设备，可不进行修前预检。

2. 技术资料的准备

预检结束后，由主修技术人员根据设备存在的问题和产品工艺对设备的要求，在设备停修前准备好修理用的技术文件资料和图样，复杂设备还应编制以下维修技术文件：

（1）维修技术任务书：包括主要维修内容、修换件明细表、材料明细表、维修质量标准等。

（2）维修工艺规程：包括专业用工检具明细表及图纸。

其中维修技术任务书，由设备科（处）主修技术人员负责编制。维修工艺规程则由机修车间负责维修施工的技术人员编制，并由设备科（处）主修技术人员审阅后会签。

对于项修，可按实际需要把各种修理技术文件的内容适当加以综合和简化。

编制修理技术文件时，应尽可能地首先完成更换件明细表和图样以及专用工、检、研具的图样，按规定的工作流程传递，以利及早办理订货和安排制造。

（二）修前生产准备

修前生产准备包括：材料及备件准备，专用工、检、研具的准备以及修理作业计划的编制。

1. 备件及材料的准备

备件管理人员接到修换件明细表后，对需更换的零件核定库存量，确定需订货的备件品种、数量，列出备件订货明细表，并及时办理订货。原则上，凡能从机电配件商店，专业备件制造厂或主机制造厂购到的备件应外购，根据备件交货周期及设备维修开工期签订订货合同，力求备件准时、足额供应。

对必须按图纸制造的专用备件（如改装件），原则上由机修车间安排制造。如本企业装备技术条件达不到要求，应寻求有技术装备条件的外企业，经协商签订订货合同。

对重要零件的修复（如大型壁杆镀铬），如本企业不具备技术装备条件，应与有技术装备条件的外企业联系，商定修复工艺，并签订协议，明确设备解体后由该企业负责修复。

材料管理人员接到材料明细表后，经核对库存，明确需订货的材料品种和数量，办理订货或与其他企业调剂。如需采取材料代用，应征得主修技术人员签字同意。

2. 专用工、检、研工具的准备

专用工、检、研具的生产须列入生产计划，根据修理日期分别组织生产，验收合格入库编号后进行管理。通常工、检、研具应以外购为主。

3. 设备停修前的准备工作

以上生产准备工作基本就绪后，要具体落实停修日期。修前对设备主要精度项目进行必要的检查和记录，以确定主要基础件，如导轨、立柱、主轴等的修理方案。

切断电源及其他动力管线，放出切削液和润滑油，清理作业现场，办理交接手续。

（三）修理作业计划的编制

修理作业计划是组织修理施工作业的具体行动计划，其目标是以最经济的人力和时间，在保证质量的前提下力求缩短停歇天数，达到按期或提前完成修理任务。通过编制维修作业计划，可以测算出每一作业所需工人数，作业时间和消耗的备件、材料及能源等。因此，也就可以测算出设备维修所需各工种工时数、停歇天数及费用数（维修工作定额）。

修理作业计划由修理单位的计划员负责编制，并组织主修机械和电气的技术人员、修理工（组）长讨论审定。对一般中、小型设备的大修，可采用"横道图"或作业计划和加上必要的文字说明；对于结构复杂的高精度、大型、关键设备的大修，应采用网络计划。

1. 编制维修作业计划的主要依据

（1）各种修理技术文件规定的修理内容、工艺、技术要求及质量标准。
（2）修理计划规定的时间定额及停歇天数。
（3）修理单位有关工种的能力和技术水平以及装备条件。
（4）可能提供的作业场地、起重运输、能源等条件。
（5）厂内外可提供的技术协作条件。

2. 作业计划的主要内容

（1）作业程序；
（2）分阶段、分部作业所需的工人数、工时及作业天数；
（3）对分部作业之间相互衔接的要求；
（4）需要委托外单位劳务协作的事项及时间要求；
（5）对用户配合协作的要求等。

二、设备修理计划的实施

设备修理计划的实施，应注意抓好以下几个环节：认真做好修前的准备工作，搞好维修工作量与维修资源的平衡；认真组织好维修的施工作业；注意掌握计划与实际的差异，搞好计划的修改与调整。

（一）交付修理

设备使用单位应按修理计划规定的日期，在修前认真做好生产任务的安排。对由企业机修车间或企业外修单位承修的设备，应按期移交给修理单位，移交时，应认真交接并填写"设备交修单"。

设备竣工验收后，双方按"设备交修单"清点无误，该交修单即作废。如设备在安装现场进行修理，使用单位应在移交设备前，彻底擦洗设备和把设备所在的场地扫干净，移走产品成品或半成品，并为修理作业提供必要的场地。

由设备使用单位维修工段承修的小修或项修，可不填写"设备交修单"，但也应同样做好修前的生产安排，按期将设备交付修理。

（二）修理施工

在修理过程中，一般应抓好以下几个环节。

1. 解体检查

设备解体后，由主修技术人员与修理工人密切配合，及时检查零部件的磨损、失效情况，特别要注意有无在修前未发现或未预测到的问题，并尽快发出以下技术文件和图样：

（1）按检查结果确定的换修件明细表。
（2）修改、补充的材料明细表。
（3）修理技术任务书的局部修改与补充。

(4) 按修理装配的先后顺序要求，尽快发出临时制造的配件图样。

计划调度人员会同修理工（组）长，根据解体检查的实际结果及修改补充的修理技术文件，及时修改和调整修理作业计划，并将作业计划张贴在作业施工的现场，以便于参加修理的人员随时了解施工进度要求。

2. 生产调度

修理工（组）长必须每日了解各部件修理作业的实际进度，并在作业计划上作出实际完成进度的标志（如在计划进度线下面标上红线）。对发现的问题，凡本工段能解决的应及时采取措施解决，例如，发现某项作业进度延迟，可根据网络计划上的时差，调动修理工人增加力量，把进度赶上去；对本工段不能解决的问题，应及时向计划调度人员汇报。

计划调度人员应每日检查作业计划的完成情况，特别要注意关键路线上的作业进度，并到现场实际观察检查，听取修理工人的意见和要求。对工（组）长提出的问题，要主动与技术人员联系商讨，从技术上和组织管理上采取措施，及时解决。计划调度人员还应重视各工种之间作业的衔接，利用班前、班后各工种负责人参加的简短"碰头会"了解情况，这是解决各工种作业衔接问题的好办法。总之，要做到不发生待工、待料和延误进度的现象。

3. 工序质量检查

修理工人在每道工序完毕经自检合格后，须经质量检查员检验，确认合格后方可转入下道工序。对重要工序（如导轨磨削），质量检查员应在零部件上作出"检验合格"的标志，避免以后发现漏检的质量问题时引起更多的麻烦。

4. 临时配件制造进度

修复件和临时配件的修造进度，往往是影响修理工作不能按计划进度完成的主要因素。应按修理装配先后顺序的要求，对关键件逐件安排加工工序作业计划，找出薄弱环节，采取措施，保证满足修理进度的要求。

（三）竣工验收

1. 竣工验收程序

设备大修理完毕经修理单位试运转并自检合格后，按相应程序办理竣工验收。

验收由企业设备管理部门的代表主持，要认真检查修理质量和查阅各项修理记录是否齐全、完整。经设备管理部门、质量检验部门和使用单位的代表一致确认，通过修理已完成修理技术任务书规定的修理内容并达到规定的质量标准及技术条件后，各方代表在设备修理竣工报告单上签字验收。如验收中交接双方意见不一，应报请企业总机械师（或设备管理部门负责人）裁决。

设备大修竣工验收后，修理单位将修理技术任务书、修换件明细表、材料明细表、试车及精度检验记录等作为附件随同设备修理竣工报告单报送修理计划部门，作为考核计划完成的依据；关于修理费用，如竣工验收时修理单位尚不能提出统计数字，可以在提出修理费用决算书后，同计划考核部门按决算书上的数据补充填入设备修理竣工报告单内，然后由修理计划部门定期办理归档手续。

设备小修完毕后，以使用单位机械动力师为主，与设备操作工人和修理工人共同检查，确认已完成规定的修理内容和达到小修的技术要求后，在设备修理竣工报告单上签字验收。

设备的小修竣工报告单应附有换件明细表及材料明细表，其人工费可以不计，备件、材料费及外协劳务费均按实际数记入竣工报告单。此单由车间机械动力师报送修理计划部门，作为考核小修计划完成的依据，并由修理计划部门定期办理归档手续。

2. 用户服务

设备修理竣工验收后，修理单位应定期访问用户，认真听取用户对修理质量的意见。对修后运转中发现的缺点，应及时利用"维修窗口"完满地解决。

设备大修后应有保修期，具体期限由企业自定，但一般应不少于三个月。在保修期内，如由于维修质量不良而发生故障，修理单位应负责及时抢修，其费用由修理单位承担，不得再计入大修理费用决算内；如发生故障后一时尚难分清原因和责任，修理单位也应主动承担排除故障的工作。为查明故障原因，应解体检查并由用户和修理单位共同分析，如属于用户的责任，其修理费用由用户负担。

三、设备修理计划的考核

企业生产设备的预防维修，主要是通过完成各种修理计划来实现的。在某种意义上，修理计划完成率的高低反映了企业设备预防维修工作的优劣。因此，对企业及其各生产车间和机修车间，必须考核年、季、月修理计划的完成率，并列为考核车间的主要技术经济指标之一。

考核修理计划的依据是设备竣工报告单，由企业设备管理部门的计划科（组）负责考核。考核修理计划时，对不同修理类别的项目应分别统计考核，用各种修理类别台项数之和来计算完成率是不妥的。

第四节 设备修理工作定额

设备修理工作定额是制订修理计划、考核修理中各项消耗及分析修理活动经济效益的依据。由于企业的生产性质、设备构成、生产条件、维修技术水平和管理水平不同，各企业的设备修理工作定额可以有所不同。先进、合理的修理工作定额，可以促进修理工作的发展。每个企业应根据自己积累的修理记录，经过统计分析，剔除非正常因素造成的消耗，本着平均先进值的原则，制定出本企业的平均修理工作定额。

设备修理定额主要包括修理周期定额、修理复杂系数、修理工时定额、修理停歇时间、修理费用定额、备件储备定额等。

一、设备修理复杂系数

（一）设备修理复杂系数的概念和作用

（1）设备修理复杂系数：它是苏联设备的计划预修制度中提出的一个重要概念，是用来表示设备修理复杂程度的一个假定单位，并将它作为确定设备修理与维护各项技术经济指标的计算单位。一台设备的修理复杂系数，根据其设备类型、规格、结构特征、工艺特性和维修性等因素来确定。一般说来，设备越复杂，其规格尺寸越大，精度和自动化程度越高，则其修理复杂系数就越大。

（2）设备修理复杂系数的主要用途是：用于衡量有关企业或车间设备修理工作量的大小；用来制定设备修理的各种工作定额；用于概算企业设备维修部门所需人员和设备；可作为企业划分设备等级的凭据。

（二）设备修理复杂系数的分类

根据机械工业部生产管理局 1985 年 8 月编印的《机械设备修理复杂系数》及《动力设备修理复杂系数》的规定，设备的修理复杂系数可分为以下三类：

（1）机械设备修理复杂系数。它包括机械部分的修理复杂系数（用 $F_机$ 或 JF 表示）和电气部分修理复杂系数（用 $F_电$ 或 DF 表示）。

（2）电气、仪表设备修理复杂系数，分别用 $F_电$（DF）和 $F_仪$ 表示。

（3）热力设备修理复杂系数，用 $F_热$ 表示。

（三）确定设备修理复杂系数的方法

我国有关部门规定：机械设备（不含设备中的电气部分）的修理复杂系数是以 C620—1/750 卧式车床为标准，其修理复杂系数定为 10，其他机械设备（包括动力设备中的机械结构部分）的修理复杂系数都与之相比较而确定。电气设备的修理复杂系数以额定功率为 0.6 W 的防护异步笼形电动机为标准，其修理复杂系数规定为 1，其他电气设备（包括各种设备中的电气部分）的修理复杂系数，都与之相比较而确定。

确定设备修理复杂系数的具体方法有公式计算法和分析比较法。

1. 公式计算法

可通过查阅《机械动力设备修理复杂系数》进行计算，该手册中既有各类机械、动力设备的修理复杂系数，又有计算公式。

2. 分析比较法（有三种具体比较方法）

分析比较法有以下三种具体的比较方法。

（1）工时分析比较法。它是由设备大修理的实际耗用工时与单位复杂系数时间定额相比较而得出的方法。

（2）部件分析比较法。根据设备结构特点和部件的复杂程度，与已知复杂系数的类似结构和部件逐一比较，求得各部件的复杂系数，其总和就是这台设备的复杂系数。

（3）整台设备比较法。以 C620—1 卧式车床的修理复杂系数为标准，其他设备与该标准相比较来确定其修理复杂系数。这种方法的误差很大，很难做到准确。

二、修理工作量定额

修理工作量定额又称为设备时间定额，是企业计算设备各种修理工作所需劳动时间的依据，通常以一个修理复杂系数所需的劳动时间来表示，即

$$J = G / [F(1-X)]$$

式中，J 为修理工作量定额（h/1 个修理复杂系数）；G 为设备修理标准实耗有效工时（h）；F 为修理复杂系数；X 为先进性系数，取值为 0.03～0.17。

设备修理工作量定额，一般以五级工的技术水平计算，非五级工要作适当折算。

根据设备修理复杂系数和设备各种不同修理类别的修理工作量定额，可计算出计划期内

为完成全部修理工作所需要的劳动量，并由此算出所需各个工种的人数。例如，某企业规定一种设备大修的一个修理复杂系数的工作量定额为：钳工 50 h，焊工 30 h，电工 12 h，其他工种 4 h。若此设备的修理复杂系数是 15，则该设备大修所需的工作量是（50+30+12+4）×15 = 1 440（h）。

三、修理停歇时间定额

设备停歇检修时间限额称为修理停歇时间定额，是指设备从停止工作交付修理开始，到修理完毕、验收合格为止所需的全部时间，但不包括革新、改造所增加的停歇时间。设备修理停歇时间可按下式计算：

$$T = \frac{JF}{LtMK} + Tk$$

式中，T 为设备修理停歇时间（天）；J 为一个修理复杂系数的修理劳动量定额（h）；F 为修理复杂系数；L 为在一个工作班内，修理该设备的工人数；t 为每个工作班的工作时间（h）；M 为每天工作班次；K 为修理工作量定额完成系数；Tk 为其他停机时间（天），是指浇灌地基、测试鉴定、验收、清理、涂漆、干燥等所需的时间。

四、设备修理费用定额

设备修理费用主要包括备件费、材料费、动力费、修理人员工资、车间经费和企业管理费等。设备修理费用定额是指企业为完成各种修理工作所需费用的标准，一般以一个修理复杂系数为单位来判定设备各种修理工作的费用定额。

对于尚未采用修理复杂系数的设备，有关定额标准可根据设备修理的历史统计资料、设备的有关文件并结合实际情况制定。

以每个修理复杂系数来规定各种定额时，应考虑下列因素并加以适当地修正：

（1）当设备进行提高精度和技术性能的修理时，应另加工时。
（2）原设备设计质量低劣，或使用年限过长时，可适当增加工时。
（3）修理工艺水平提高及应用先进技术和装备时，可适当压缩工时。
（4）考虑设备使用维护条件、加工条件、机修工人技术水平和作业条件、维修管理水平等因素的影响。

五、制定设备修理工作定额的方法

制定设备修理工作定额的方法有统计分析法和技术测算法两种。

（一）统计分析法

根据本企业分类设备各种修理类别的修理记录进行统计分析，剔除非正常因素产生的消耗，取先进平均值，制定出分类设备各种修理类别的平均修理工作定额。

此法也可以用于制定企业拥有数量较多同型号规格的设备（特别是专用设备）的单台（项）修理工作定额。由于设备的项修的针对性强，故不宜采用此法判定修理工作定额。

（二）技术测算法

在预定的修理内容、修理工艺、质量标准和企业现行修理组织的基础上，对设备修理的全过程进行技术经济分析和测算,制定设备的修理工时、停歇天数和费用定额,以作为控制修理施工的经济指标。用技术测算法测定的设备修理工作定额,是根据设备修前的实际技术状况,参照以往同类设备的修理经验,经过具体分析而制定出来的,因此更加切合实际,也是今后企业制定设备修理工作定额的发展方向。

第五节　设备的委托修理

设备的委托修理是指本企业在维修技术或能力上不具备自己修理需修设备的条件,必须委托外企业承修。一般由企业的设备管理部门负责委托设备专业修理厂、制造厂或其他有能力的企业承修,并签订设备修理经济合同。目前,在我国一些大型企业内部,生产分厂和修造分厂之间也实行了设备委托修理办法,利用经济杠杆的作用来促进设备维修与管理水平的提高。

一、办理设备委托修理的工作程序

(一)分析确定委托修理项目

根据年度设备修理计划或使用单位的申请,企业的设备管理部门经过仔细分析,确定本企业对某(些)设备在技术上或维修能力上不具备自己修理的条件,经主管领导同意后,方可对外联系办理委托修理工作。负责办理委托修理的人员,应熟悉设备修理业务,并了解经济合同法。

(二)选择承修企业

通过调查,选择修理质量高、工期短和服务信誉好的承修企业。应优先考虑本地区的专业修理厂或设备制造厂。对重大、复杂的工程项目,可委托招标公司招标确定承修单位。

(三)与承修企业协商签订合同

签订承修合同一般应经过以下步骤:

(1)委托企业(甲方)向承修企业(乙方)提出"设备修理委托书",其内容包括设备的编号、名称、型号、规格、制造厂及出厂年份,设备实际技术状况,主要修理内容,修后应达到的质量标准,要求的停歇天数及修理的时间范围。

(2)乙方到甲方现场实地调查了解设备状况、作业环境及条件,如乙方提出要局部解体检查,甲方应给予协助。

(3)双方就设备是否要拆运到承修企业修理、主要部位的修理工艺、质量标准、停歇天数、验收办法及相互配合事项等进行协商。

(4)乙方在确认可以保证修理质量及停歇天数的前提下,提出修理费用预算(报价)。

(5)通过协商,双方对技术、价格、进度以及合同中必须明确规定的事项取得一致意见后,签订合同。

二、设备委托修理合同的内容

(1)委托单位(甲方)及承修单位(乙方)的名称、地址、法人及业务联系人的姓名。

(2)所修设备的资产编号、名称、型号、规格、数量。

（3）修理工作地点。
（4）主要修理内容。
（5）甲方应提供的条件及配合事项。
（6）停歇天数及甲方可供修理的时间范围。
（7）修理费用总额（即合同成交额）及付款的方式。
（8）验收标准及方法，以及乙方在修理验收后应提供的技术记录及图样资料。
（9）合同任何一方的违约责任。
（10）双方发生争议事项的解决办法。
（11）双方认为应写入合同的其他事项，如保修期、乙方人员在施工现场发生人身事故的救护等。

以上有些内容如在乙方标准格式的合同用纸中难以说明时，可另写成附件，并在合同正本中说明附件是合同的组成部分。

三、执行合同中应注意事项

在执行合同中，除双方要认真履行合同规定的责任外，甲方还应着重注意以下事项：

（1）设备解体后，如发现双方在签订合同前均未发现的严重缺损情况，甲方应主动配合乙方研究补救措施，以保证按期完成设备修理合同。

（2）指派人员监督、检查修理质量及进度，如发现问题应及时向乙方反映，并要求乙方采取措施纠正、补救。

（3）在企业内部，做好工艺部门、使用单位和设备管理部门之间的协调工作，以保证试车验收工作有计划地认真进行。

（4）修理验收后，应及时向承修单位反馈质量信息，特别是发生较大故障时，及时与承修单位联系予以排除。

练习与思考

一、简答题

1. 设备维修方式有哪些？其各自的特点是什么？
2. 什么是修理周期、修理间隔期、修理周期结构？
3. 年度、季度、月份修理计划之间有何关系？
4. 修理计划的编制依据是什么？
5. 预检的主要内容有哪些？
6. 设备修理计划的实施，应注意抓好哪些环节？
7. 什么是设备修理复杂系数、修理工时定额？
8. 修理任务书的主要内容有哪些？

第七章

备 件 管 理

第一节 概 述

一、备件及备件管理

在设备维修工作中,为恢复设备的性能和精度,缩短维修停歇时间,减少停机损失,需事先采购、加工并储备各种零(部)件,用于替换故障或劣化件。这些零(部)件通称为备件。

备件管理是指备件的计划、生产、订货、供应、储备的组织与管理,它是设备维修资源管理的主要内容。

备件管理是维修活动的重要组成部分,只有科学合理地储备与供应备件,才能使设备的维修任务完成得既经济又能保证进度。否则,如果备件储备过多,会造成积压,增加库房面积,增加保管费用,影响企业流动资金周转,增加产品成本;储备过少,就会影响备件的及时供应,妨碍设备的修理进度,延长停歇时间,使企业的生产活动和经济效益遭受损失。因此,做到合理储备,乃是备件管理研究的主要课题。

二、备件的分类

(一)按备件的精度和制造工艺的复杂程度分类

关键件:通常是指原机械部规定的 7 类关键件,即精密主轴(或镗杆、钻杆、镜面轴)、螺旋锥齿轮、Ⅰ级精度(近似新 6 级精度)以上的齿轮、丝杠、精密涡轮副、精密内圆磨具、2 m 或 2 m 以上的长丝杠等。

一般件:除上述七类关键件以外的其他机械备件。

(二)按备件的技术特性分类

标准件:按国家标准系列制造的备件。

专门件:按设备制造厂自定的标准系列制造的备件。

特制件:非标准的特制备件。

(三)按备件来源分类

外购备件:企业对外订货采购的备件,包括国产件和进口件。

自制备件:企业自行设计(测绘)制造的备件。

（四）按备件的使用特性（或在库时间）分类

常备件：在维修中经常使用、单价较低且需经常保持一定储备量的备件。

非常备件：使用频率低、单价昂贵的备件。其中按照储备方式的不同又可分为计划购入件和随时购入件。其中，计划购入件主要指根据维修计划，需预先购入做短期储备的备件；随时购入件主要指修前购入或制造后立即使用的备件。

（五）按备件的用途特性分类

易损备件：指那些由于磨损而经常损耗的备件。例如机床的滑动轴承（瓦）、高炉风口等。

事故备件：也称保险备件、关键备件。是指为了防止设备的关键部位发生突发故障造成停产而作的备件储备。例如轧机的轧辊，在正常情况下，其使用寿命较长。但一旦断裂必须有备件以便立即更换，否则会造成严重的停机损失。

常用备件：是指那些在项修、小修时定期或不定期更换的备件，这类备件数量最大，使用也最频繁。

大修备件：即设备大修或年修时所需要更换的备件，通常在编制维修计划时同时编制备件的采购计划。

（六）按备件传递的能量分类

机械备件：通常指在设备中通过机械传动传递能量的备件。

电气备件：通常指在设备中通过电气传递能量的备件，如电动机、电器、电子元件等。

（七）按备件的制造材料分类

金属件：通常指用黑色和有色金属材料制造的备件。

非金属件：通常指用非金属材料制造的备件。

三、备件管理的目标、任务及工作内容

（一）备件管理的目标

备件管理的目标是在保证提供设备维修需要的备件，提高设备的使用可靠性、维修性和经济性的前提下，尽量减少备件资金，也就是要求做到以下四点：

（1）把设备计划修理的停歇时间和修理费用减少到最低程度；

（2）把设备突发故障所造成的生产停工损失，减少到最低限度；

（3）把备件储备压缩到合理供应的最低水平；

（4）把备件的采购、制造和保管费用压缩到最低水平。

（二）备件管理的主要任务

备件管理的主要任务如下：

（1）及时供应维修人员所需的合格备件。为此，必须建立相应的备件管理机构和必要的设施，科学合理地确定备件的储备形式、品种和定额，做好保管供应工作。

（2）重点做好关键设备的备件供应工作，保证其正常运行，尽量减少停机损失。

（3）做好备件使用情况的信息收集和反馈工作。备件管理人员和维修人员要经常收集备件使用中的质量、经济信息，及时反馈给备件技术人员，以便改进备件的使用性能。

（4）在保证备件供应的前提下，尽量减少备件的储备资金。影响备件管理成本的因素有：备件资金占用率、库房占用面积、管理人员数量、备件制造采购质量和价格、库存损失等。因此，应努力做好备件的计划、生产、采购、供应、保管等工作，压缩储备资金，降低备件管理成本。

（三）备件管理的工作内容

备件管理工作的内容主要包括四个方面，即备件的技术管理、计划管理、库存管理和经济管理。技术管理是基础，计划管理是中心，库存管理是保障，经济管理是目的。

备件技术管理的主要内容包括积累和编制备件技术资料，预测备件消耗量，制定合理的备件储备定额和储备形式等。

备件计划管理指从提出订购和制造计划开始，直到备件入库为止这一段时间的工作，包括计划的编制和组织实施。

备件库存管理是指备件的验收入库、正确发放、科学保管等工作。

备件经济管理的主要内容包括分析备件资金占用流动资金的合理性，在保障维修需求的前提下减少备件库存，提高备件资金周转，重点是备件资金的核算和考核工作。

四、备件的编码

由于备件编码没有统一的国家编码标准，所以在备件管理中，对品种千变万化的备件进行编码是一件令人头痛的事。在过去的纸笔管理模式下，由于管理及信息处理手段的落后，备件编码不显得特别重要，但在使用计算机进行备件管理时，对备件进行编码将是备件信息系统能否成功的关键。

（一）编码原则

对于特定的编码对象，总是可以设计出多种方案，但任何一种方案，都必须符合以下原则：

（1）完备性。一个应用中的编码方案，必须能够对编码对象应用中所有可能发生的项目给以确定的编码。编码方案应当有足够的前瞻性，能够使用较长的时间。

（2）唯一性。即在编码方案所定义的描述范围内，不同描述（即编码项）对应不同的码。编码表中编码的唯一性，可以通过强制（例如计算机自动拒绝重复项目）的方式保证，但在实际应用中，由于使用人员对编码方案理解的偏差，也可能对实质相同的备件做出不同的描述，从而在编码表中有不同的编码实质是指相同的备件编码项，这种情况是普遍存在的。好的备件编码方案和管理，应能够将这种情形降低到可以忽略的程度。

（3）永久性。一个编码一经确定（即正式列入备件编码表），其所对应的编码项就被永久地确定，无论该编码备件将来是否继续使用或废除。如果一个备件编码所对应的备件项目被更改了，就会导致以前的记录与更改后的记录的矛盾或混乱。

（4）向前兼容性。编码的规则或编码表中描述内容的必要更改，应遵循"向前兼容"的原则，使之能适合于该编码以往的应用。如果更改造成了兼容性的问题，就可能造成对前后已经应用的编码解释上的混乱。

（二）编码步骤

备件编码按如下步骤进行：

（1）编制编码规则。编制备件编码，是一项专业性、技术性很强的工作，要以从事过企业生产管理、物资管理、财务管理工作，有宏观管理、协调经验，熟悉计算机应用的管理人员为主，由各种专业人员参加组成专门攻关小组，负责企业备件的编码工作。

（2）编码表格发放。按照编码规则初稿，制定设计相应的编码表格，发放给各单位收集备件信息和数据。

（3）数据采集。各个单位组织专人收集备件数据，并完成编码表。

（4）综合完善：攻关小组综合各单位的编码数据，重新分析，如有需要，重新修订编码规则。

（5）数据录入。最终确定备件编码规则，并组织人员进行数据录入。

第二节　备件的技术管理

备件的技术管理，也称为备件的定额管理，主要包括编制、积累备件管理的基础资料，据此掌握备件的需求，预测备件的消耗定额，确定合理的备件储备定额和储备形式。为备件的生产、采购、库存提供科学合理的依据。备件的技术管理，首先要做的就是落实备件消耗定额，进而确定储备定额。既要千方百计地降低备件的消耗与储备，又要根据生产计划、设备运行与内外部环境的变化情况，及时、适当地调整相应的消耗与储备，因此技术管理工作的重点在于制订合理的备件储备定额。

一、备件的储备原则

备件的储备应遵循以下原则：

（1）使用期限不超过设备修理间隔期的全部易损零件；

（2）使用期限大于修理间隔期，但同类型设备多的零件；

（3）生产周期长的大型、复杂的锻、铸零件（如带花键孔的齿轮、锤杆、锤头等）；

（4）需外厂协作制造的零件和需外购的标准件（如V带、链条、滚动轴承、电气元件以及需向外订货的配件、成品件等）；

（5）重、专、精、动设备和关键设备的重要配件。

二、备件的储备形式

（一）按备件的管理体制分类

（1）集中储备：是按行业或地区组建备件总库，对于本行业或本地区各企业的通用备件，集中统一有计划地进行储备，其优点是可以大幅度加快备件储备资金的周转，降低备件储备所占用的资金。但如果组织管理不善，可能出现不能及时有效地提供企业所需的备件，影响生产。

（2）分散储备：是各企业根据设备磨损情况和维修需要，分别各自设立备件库，自行组织备件储备。

（二）按备件的作用分类

（1）经常储备（又称周转储备）：是为保证企业设备日常维修而建立的备件储备，是为满足前后两批备件进厂间隔期内的维修需要的。设备的经常储备是流动的、变化的，经常从最大储备量逐渐降低到最小储备量，是企业备件储备中的可变部分。

（2）保险储备（又称安全裕量）：是为了在备件供应过程中，防止因发生运输延误、交货拖欠、或收不到合格备件需要退换，以及维修需用量猛增等情况，致使企业的正常储备中断、生产陷于停顿，从而建立的可供若干天维修需要的备件储备。它在正常情况下不动用，是企业备件储备中的不变部分。

（3）特准储备：是指在某一计划期内超过正常维修需要的某些特殊、专用、稀有精密备件以及一些重大科研、试验项目需用的备件，经上级批准后建立的储备。

（三）按备件的储备形态分类

（1）成品储备：在设备的任何一种修理类别中，有绝大一部分备件要保持原有的精度和尺寸，在安装时不需要再进行任何加工的零件，可采用成品储备的形式进行储备。

（2）半成品储备：有些零件须留有一定的修配余量，以便在设备修理时进行修配或作尺寸链的补偿。对这些零件来说，可采用半成品储备的形式进行储备。

（3）毛坯储备：对某些机加工工作量不大的以及难以决定加工尺寸的铸锻件和特殊材料的零件，可采用毛坯储备的形式进行储备。

（4）成对（成套）储备：为了保证备件的传动精度和配合精度，有些备件必须成对（成套）制造和成对（成套）使用，对这些零件来说，宜采用成对（成套）储备的形式进行储备。

（5）部件储备：对于生产线（流水线、自动线）上的关键设备的主要部件，或制造工艺复杂、精度要求高、修理时间长、设备停机修理综合损失大的部件，以及拥有量很多的通用标准部件，可采用部件储备的形式进行储备。

三、备件的储备定额

（一）备件储备定额的构成

备件的储备量随时间的变化规律，可用图 7-1 描述。当时间为 0 时，储备量为 Q，随着时间推移，备件陆续被领用，储备量逐渐递减；当储备量递减至订货点 Q_d 时，采购人员以 Q_p 批量去订购备件，并要求在 T 时间段内到货；当储备量降至 Q_{min} 时，新订购的备件入库，备件储备量增至 Q_{max}，从而走完一个"波浪"，又开始走一个新"波浪"。因此，备件储备定额包括：最大储备量 Q_{max}、最小储备量 Q_{min}、每次订货的经济批量 Q_p、订货点 Q_d。

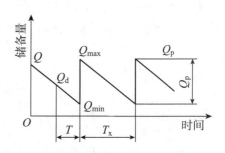

图 7-1 通常备件储备量变化规律

因为备件储备量的实际变化情况不会像图 7-1 那样有规律（如图 7-2 所示），所以必须有一个最小储备量，以供不测之需。最小储备量定得越高，发生缺货的可能性越小，反之，发生缺货的可能性越大。因此，最小储备量实际上是保险储备。

最小储备量在正常情况下是闲置的，企业还要为它付出储备流动资金及持有费用。但又不能盲目降低最小储备量，否则可能发生备件缺货。怎样才能既降低最小储备量？这取决于对未来备件消耗量作出准确的预测。

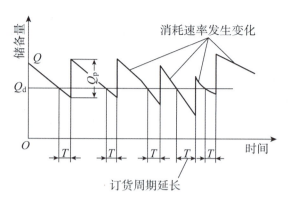

图 7-2 实际备件储备量变化规律

（二）预测备件消耗量

已知某备件的消耗量见表 7-1。

表 7-1 备件消耗量表

时间	第1天	第2天	第3天	…	第n天	第$n+1$天	第$n+2$天	…	第$t-2$天	第$t-1$天	第t天
消耗量	N_1	N_2	N_3		N_n	N_{n+1}	N_{n+2}		N_{t-2}	N_{t-1}	N_t

由于备件每天的消耗量具有偶然性，导致统计数据随机波动，采用移动平均法消除数据随机波动的影响，移动期数为 n。n 的大小要合理选择，n 越大，消除随机波动的效果越好，但对数据最新变化的反应就越迟钝。为简化预测公式，推荐 n 取订货周期 T 的整倍数，在此取 $n=T$。

第 n 天的备件消耗量移动平均值：$M_n = (N_1+N_2+N_3+\cdots+N_n)/n$，第 $n+1$ 天的备件消耗量移动平均值：$M_{n+1} = (nM_n + N_{n+1} - N_1)/n$，第 $n+2$ 天的备件消耗量移动平均值：$M_{n+2} = (nM_{n+1}+N_{n+2}-N_2)/n$，依此类推，第 t 天的备件消耗量移动平均值：

$$M_t = (nM_{t-1}+N_t-N_{t-n})/n \tag{7-1}$$

式（7-1）还可写成：

$$M_t - M_{t-1} = (N_t - N_{t-n})/n \tag{7-2}$$

或者：

$$M_t - M_{t-1} = (N_t - N_{t-n})/T \tag{7-3}$$

将备件消耗量移动平均值与时间的关系绘成二维曲线图（见图 7-3 中的实线部分）。我们可以找出备件消耗的变化规律，从而预测备件消耗趋势。

假设备件用到第 t 天就要订购新备件。此时备件的储备量称订货点 Q_d，它要足够用到新备件进库，即 Q_d 要大于在订货周期 T 内备件的消耗量 N_H。N_H 就是所要预测的。

再假设未来的备件消耗量移动平均线是已往消耗量移动平均线的自然延伸，见图 7-3 中的虚线部分。对虚线部分进行数学分析，得 N_H 的近似值：

$$N_H = TM_t + T(1+T)(M_t - M_{t-1})/2 \tag{7-4}$$

将式（7-3）代入式（7-4）得：
$$N_H = TM_t + (1+T)(N_t - N_{t-n})/2 \tag{7-5}$$

式（7-5）就是在订货周期内备件消耗量的预测公式，适用于对生产比较均衡的设备的备件进行预测。

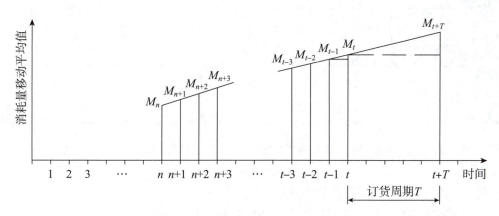

图 7-3　备件消耗量移动平均值变化规律

（三）备件储备定额的确定

确定备件订货点应以订货周期内备件消耗量预测值为依据，要求订货点储备量必须足够用到新备件进库，即订货点 Q_d 大于订货周期内备件消耗量 N_H。

备件订货点：
$$Q_d = KN_H \tag{7-6}$$

式中　K——保险系数，一般取 $K = 1.5\sim 2$；

N_H——订货周期内备件消耗量预测值。

备件的最小储备量：
$$Q_{\min} = (K-1)N_H \tag{7-7}$$

备件订货的经济批量：
$$Q_p = \sqrt{2NF/IC} \tag{7-8}$$

式中　N——备件的年度消耗量；

F——每次订货的订购费用；

I——年度的持有费率（以库存备件金额的百分率来表示）；

C——备件的单价。

备件的最大储备量：
$$Q_{\max} = Q_{\min} + Q_p \tag{7-9}$$

例 7-1　某厂有 2 台啤酒装箱机和 2 台卸箱机，它们都使用同一种备件——夹瓶罩（橡胶制品）。夹瓶罩的单价为 1 元，年持有费率为 20%，1994 年年消耗量为 522 件，1995 年 7 月份的日消耗量如表 7-2 所示，夹瓶罩用到 7 月 31 日就要订货，订货周期为 30 天，每次订购费为 20 元。试预测夹瓶罩在订货周期内的消耗量，并计算夹瓶罩的储备定额。

表 7-2 夹瓶罩 7 月份日消耗量

日期	7月1日	2	3	4	5	6	7	8	9	10	11
消耗量	3	2	2	4	4	5	3	4	4	4	5
移动平均值											
日期	12	13	14	15	16	17	18	19	20	21	22
消耗量	5	2	4	4	4	6	3	4	4	3	2
移动平均值											
日期	23	24	25	26	27	28	29	30	31		
消耗量	7	5	3	3	4	4	4	3	2		
移动平均值											

解：取移动期数 $n=T=30$，求 7 月 31 日（$t=31$）的备件消耗量移动平均值：

$$M_{31}=2.97 \text{ 件}$$

订货周期 30 天内备件消耗量的预测值：

$$N_H = TM_T+(1+T)(N_t-N_{t-n})/2 = [30×2.97+(1+30)(4-3)/2] \text{ 件} \approx 105 \text{ 件}$$

备件订货点：

$$Q_d = KN_H = 1.7×105 \approx 179(\text{件}) \quad (K \text{ 取 } 1.7)$$

最小储备量：

$$Q_{min} = (K-1)N_H = (1.7-1)×105 \text{ 件} \approx 74 \text{ 件}$$

备件订货的经济批量：

$$Q_p = \sqrt{2NF/IC} = \sqrt{2×522×20/(0.2×1)} \text{ 件} \approx 323 \text{ 件}$$

最大储备量：

$$Q_{max} = Q_{min}+Q_p = (74+323) \text{ 件} = 397 \text{ 件}$$

第三节　备件的计划管理

备件的计划管理是备件的一项全面、综合性的管理工作，企业根据检修计划以及技术措施、设备改造等项目计划，编制好备件采购计划后，如何对各环节信息有效监控和调整，就是备件计划管理的核心内容。

备件计划管理的任务就是在备件储备定额的基础上，编制备件供应计划，并对备件库存与供应两方面的信息进行监控，使备件实际库存量始终在储备定额要求范围内变动，以达到既保证生产维修的需要，又不积压浪费的目的。

高效的备件计划管理，可以在最大程度上确保设备正常运行，加强备件计划性及质量管理，提高计划命中率，充分保证备件按需到位。同时，为防止不合格的备件进厂，杜绝因备件质量问题造成检修延时或生产不能正常进行，备件计划管理也有着重要意义。

一、备件计划管理流程

备件计划管理一般是指从提出订购和制造备件计划开始，直到备件入库为止这一段时间的工作，其管理流程如图 7-4 所示。

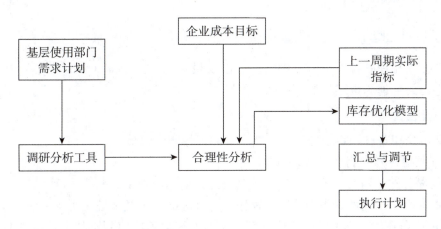

图 7-4 备件计划管理流程

一般由基层使用部门提出备件的需求计划，管理职能部门结合调研情况，按照企业总体成本控制的目标，参考上一周期的实际备件需求情况，做出合理性分析，从而形成优化的库存模型，进行汇总和部分调节后，执行备件采购计划。由上述流程可以看出，备件计划管理工作的重点主要包括备件计划的编制和组织实施，其中如何通过合理性分析来编制备件计划尤为重要。

备件计划的申报与审批管理流程如图 7-5 所示。

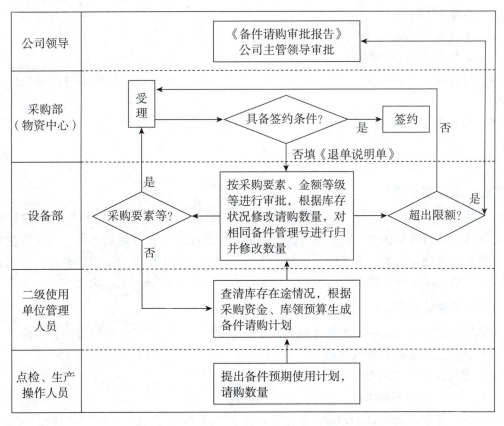

图 7-5 备件计划申报和部门审批流程

二、备件计划管理部门职责划分

在备件计划管理的各工作节点中,一般涉及设备部、采购部(物资中心)和二级使用单位,各部门的管理职责划分如下:

(一)设备部

设备部是公司备件归口管理部门。其主要的工作职责包括:

(1)负责制(修)订备件管理制度。

(2)负责备件计划的审核、审批,控制备件计划的申报量。

(3)负责定额消耗件、集中管理的通用备件计划的申报及审批。

(4)审定关键设备备件的清单及组织二级部门等相关部门制定技术、质量要求和检验标准。

(5)参与备件质量异议的分析并对异议处理进行全过程的跟踪管理。

(6)负责公司设备综合管理信息系统备件部分功能的完善并实施管理。

(7)对二级部门执行本制度的情况进行评价。

(二)采购部(物资中心)

采购部是公司各类备件采购的归口管理部门。其管理职责主要包括:

(1)负责对备件计划的受理并按请购委托单上的采购要素及时采购满足技术要求的备件,确保备件按需到位。

(2)负责按类编制备件制造(或供应)周期的基础数据。

(3)选择可靠的备件供应厂商,对供应厂商进行资质评估。

(4)负责将备件的技术、质量、包装要求和检验标准纳入合同条款并督促供应厂商严格执行。

(5)对二级部门提出的质量异议进行处理,并组织商务及技术谈判,并向供方提出索赔要求。

(6)负责进口备件采购代理协议的签订。

(三)二级使用单位

二级使用部门为备件计划申报部门。其管理职责主要包括:在年度预算范围内自行规划、申报计划,请购委托单上的采购要素必须准确、齐全并综合考虑设备状况、设备检修模型、备件加工周期及使用寿命等因素,制定关键设备备件的清单及最低库存量;备件到货后及时安排上机,发生质量异议及时申报,并做好有关质量异议资料的收集工作。

(四)备件计划员

在备件计划管理人员中,备件计划员处于一个非常关键的岗位,其职责一般包括:

(1)制定备件采购计划并实施。

(2)保障及时供货率以满足服务的备件需求。

(3)保持合理的备件库存,跟踪、解决缺件问题。

(4)保证使用最新的技术情报,收集工作中的问题和处理建议,报告部门经理。

(5)负责向供应商进行备件索赔工作。

（6）负责备件订货发票的审核及备件订货资料的存档。
（7）负责对备件及辅料的库存统计和盘点工作。
（8）负责编制备件日报表、月报表。

三、备件计划的编制、实施与调整

（一）备件计划的分类

按备件的来源分为自制备件生产计划和外购备件采购计划。

按备件的计划时间分为年度备件生产计划、季度备件生产计划和月度备件生产计划。

（二）编制备件计划的依据

（1）年度设备修理需要的零件，以年度设备修理计划和修前编制的更换件明细表为依据，由承修部门提前3～6个月提出申请计划。

（2）各类零件统计汇总表。包括：备件库存量；库存备件领用、入库动态表；备件最低储备量的补缺件等。

（3）定期维护和日常维护用备件，由车间设备员根据设备运转和备件状况，提前三个月提出制造计划。

（4）本企业的年度生产计划及机修车间、备件生产车间的生产能力、材料供应等情况分析。

（5）本企业备件历史消耗记录和设备开动率。

（6）临时补缺件。设备在大修、项修及定期维护时，临时发现需要更换的零件，以及已制成和购置的零件不适用或损坏的急件。

（7）本地区备件生产、协作供应情况。

（三）备件生产的组织程序

（1）备件管理员根据年、季、月度备件生产计划与备件技术员进行备件图样、材料、毛坯及有关资料的准备。

（2）备件技术员（或设计组）根据已有的备件图册提供备件生产图样（如没有备件图册应及时测绘制图，审核后归入备件图册），并编制出加工工艺卡片一式二份，一份交备件管理员，一份留存。工艺卡中应规定零件的生产工序、工艺要求、工时定额等。

（3）备件管理员接工艺卡后，将图样、工艺卡、材料领用单交机修车间调度员，便于及时组织生产。

（4）对于本单位无能力加工的工序，由备件外协员迅速落实外协加工。

（5）各道工序加工完毕后，经检验员和备件技术员共同验收，合格后开备件入库单并送交备件库。

（四）外购件的订购形式

凡制造厂可供应的备件或有专业工厂生产的备件，一般都应申请外购或订货。根据物资的供应情况，外购件的申请订购一般可分为集中订货、就地供应、直接订货三种形式。

（1）集中订货。对国家统配物资，各厂应根据备件申请计划，按规定的订货时间，参加订货会议。在签订的合同上要详细注明主机型号、出厂日期、出厂编号、备件名称、备件件号、备件订货量、备件质量要求和交货日期等。

（2）就地供应。一些通用件大部分由企业根据备件计划在市场上或通过机电公司进行采购。但应随时了解市场供应动态，以免发生由于这类备件供应不及时而影响生产正常进行的现象。

（3）直接订货。对于一些专业性较强的备件和不参加集中订货会议的备件，可直接与生产厂家联系，函购或上门订货，其订货手续与集中订货相同。对于一些周期性生产的备件、以销定产的专机备件和主机厂已定为淘汰机型的精密关键件，应特别注意及时订购，避免疏忽漏报。

（五）备件计划的监控和调整

由于种种原因，特别是原定的消耗定额与实际的消耗速度不符时，若仍希望备件储备量控制在要求范围内，就有必要对原计划进行调整。实际上，行业备件订货会一般也是一年两次，其中秋冬间订货会确定的备件供应计划，经过约半年左右的运作，应可对计划的准确性有所检验，故可按其差异程度，在春夏间的订货会上进行补充和调整。

要确定差异，就得对计划进行监控。备件计划的监控有两方面：一是对计划本身监控供应单位是否已履行合同；二是对实际消耗情况进行监控，从仓库库存提取信息，与原定定额对比。根据这两方面资料综合，便可确定"差异"，从而对供应计划进行适当调整。调整的依据是消除监控预测的"差异"，确保备件库存量在要求的最大库存量和最小库存量之间的范围内变化。

供应计划的调整，一般必须与供应单位协商并得到同意之后才能进行。这就要求搞好协作关系，一般情况下供应商是会同意这少量调整的，特别是在市场经济多处于买方市场的情况下更是如此。

做好备件计划要有长期的统计和跟踪数据作基础，具体可借鉴的方法有：

（1）分类处理。不同的备件使用频率、产地来源各不相同，应对专用、进口、重点设备的重点工序备件、非标备件等给予重点关注。

（2）统计不同种类备件的购买周期，对购买周期较长的和较短的重点进行分类。采购周期较长的备件定期跟踪使用情况，做到使用、库存、采购三不误。采购周期较短的备件尽量做到零库存。

（3）统计备件使用时间，跟踪不同供应商产品的使用质量，对质量较差、寿命较短的备件供应商采取筛选方法淘汰。

根据以上三点，企业在备件计划采购中就能确定轻重缓急，平衡每月的备件计划。

四、备件质量异议的处理

备件质量异议，是指新制作的备件或经修复的备件因与所供制造图上的尺寸、精度、材质等不符，不能完全达到技术要求，不能使用，而影响检修；或由于制造、修复工艺不当等原因引起使用寿命缩短，增加非计划检修时间；或由于制造、修复的质量引起使用性能差等原因，造成设备故障而影响生产。

备件质量异议的处理原则是谁采购，谁负责处理质量异议。原则上采用现金索赔制。即：采购部门负责处理采购备件质量异议；设备部门负责处理修复备件质量异议。

质量异议的处理应依据合同条款中的约定，采购部门、设备部门应在合同中明确异议的处理方式。开检或上机使用过程中出现的备件质量异议，责任部门必须及时到现场确认。大多数企业对质量异议的处理一般是在质量异议提出后一个月内处理完成，最迟两个月内也必须处理完毕。

二级部门在备件使用过程中发生质量异议的，也应书面（紧急情况下可以通过电话）报告给设备部门或采购部门，以便及时处理。

第四节　备件的库存管理

一、备件库的建立

为适应备件管理工作的要求，应根据生产设备的原值建立备件库。一般要求原值100万元以上（不含100万元）企业，应单独建立备件库，在设备管理部门领导下做好对备件的储备、保管、领用等工作。对生产设备原值在100万元以下的单位，可不单独建立备件库，由厂仓库兼管，但备件的存放、账卡必须分开，同时应按期将各类备件的储备量、领用数上报设备管理部门。

二、备件库的管理

（一）对备件库的要求

（1）备件库应符合一般仓库的技术要求，做到干燥、通风、明亮、无尘、无腐蚀气体，有防汛、防火、防盗设施等；

（2）备件库的面积，应根据各企业对备件范围的划分和管理形式自定，一般按每个设备修理复杂系数 $0.01\sim0.04$ m² 范围参考选择；

（3）备件库除配备办公桌、资料柜、货架、吊架外，还应配备简单的检验工具、拆箱工具、去污防锈材料和涂油设施、手推车等运输工具。

（二）备件的分级管理

根据企业的大小和备件的特性，备件可集中管理，也可分级管理。分级管理的范围和方法，应根据实际情况，本着便于领用和资金核算的原则，由备件管理员与车间机械员商量，制定两级管理的方法、储备品种、领用手续等细则，报设备科长批准执行。但无论是集中管理还是分级管理，都必须由备件管理员负责，以便合理储备、保管，避免积压，加速资金周转。

（三）备件入库和保管

（1）有申请计划并已被列入备件生产计划的备件方能入库。计划外的零件须经设备科科长和备件管理员批准方能入库；

（2）自制备件必须由检验员按图样规定的技术要求检验合格后填写入库单入库。外购件必须附有合格证并经入库前复验，填写入库单后入库；

（3）备件入库后应登记入账，涂油防锈，挂上标签，并按设备属性、型号，分类存放，便于查找；

（4）入库备件必须保管好，维护好，入库的备件应根据备件的特点进行存放，对细长轴类备件应垂直悬挂，一般备件也不要堆放过高，以免零件压裂或产生磕痕、变形等；

（5）备件管理工作要做到三清（规格、数量、材质）、两整齐（库容、码放）、三一致（账、卡、物）、四定位（区、架、层、号），定期盘点（每年盘点1～2次），定期清洗维护。做好梅雨季节的防潮工作，防止备件锈蚀。

（四）备件的领用

（1）备件领用一律实行以旧换新，由领用人填写领用单，注明用途、名称、数量，以便对维修费用进行统计核算，按各厂规定执行领用的审批手续；

（2）对大、中修中需要预先领用的备件，应根据批准的备件更换清单领用，在大、中修结束时一次性结算，并将所有旧料如数交库；

（3）支援外厂的备件须经过设备科长批准后方可办理出库手续。

（五）备件的处理

备件管理员应经常了解设备情况，凡符合下列条件之一的备件，应及时准予处理，办理注销手续：

（1）设备已报废，厂内已无同类型设备；

（2）设备已改造，剩余备件无法利用；

（3）设备已调拨，而备件未随机调拨，本厂又无同型号设备；

（4）由于制造质量和保管不善而无法使用，且无修复价值（经备件管理员组织有关技术人员鉴定），报有关部门批准。但同时还必须制定出防范措施，以防类似事件的重复发生。

对于前三种原因需处理的备件，应尽量调剂，回收资金。

第五节　备件的经济管理

备件资金属于企业流动资金，如何反映备件资金占用流动资金的合理性，在确保设备维修需要的基础上减少备件库存，提高备件资金周转是备件经济管理中突出的问题。

备件的经济管理工作，主要是备件库存资金的核定、出入库账目的管理、备件成本的审定、备件消耗统计、备件各项经济指标的统计分析等。经济管理贯穿于设备备件管理工作的全过程。

一、备件资金的来源和占用范围

备件资金来源于企业的流动资金，各企业按照一定的核算方法确定，并有规定的储备资金限额。因此，备件的储备资金只能由属于备件范围内的物资占用。

二、备件资金的核算方法

备件资金的核算应结合企业规模、行业特点、设备技术状态和维修情况等综合考虑。目前，企业采用的核算方法有：按设备固定资金原值的一定比例核算、按资金周转期进行核算、按统计数据核算、按备件卡上规定的储备定额核算等。

（一）按设备固定资金原值的一定比例核算

一般按设备原购置价值的5%~15%估算备件资金定额（国产设备备件初期储备量占设备原值的4%~9%，进口设备为7%~14%），设备拥有量较多的大中型企业或备件来源充足的企业可取下限，设备拥有量较少或设备品种复杂的企业可取上限。这种核算方法标准较统一，企业间可进行比较。需要说明的是，不同行业企业，该指标变化范围差别很大。

（二）按资金周转期进行核算

以年度实际消耗的备件资金与资金周转期的乘积加以适当修正后核算备件资金定额，可表示为：

备件资金定额 = 本年度备件消耗资金 × 备件资金计划周转期（年）× 下年度计划修理工作量/本年度实际修理工作量

（三）按统计数据核算

根据历年备件资金消耗金额，特别是上一年度的消耗金额，结合本年度设备状态及修理计划确定本年度的备件资金。

（四）按备件库存管理卡上规定的储备定额核算

根据计划期动用设备的情况，先核定各种设备的备件资金定额，再综合起来计算总的备件资金定额。

$$备件资金定额 = \sum（备件平均周转储备定额 \times 备件的单价）$$

这种方法较为烦琐，且其计算的合理性取决于备件库存管理卡记录信息的准确性和科学性。

综合以上方法，在实际运作中，确定备件资金定额时，应注意以下情况：

（1）对于同型设备多、自制备件能力强、周边社会化协作及外购条件好的企业，备件资金占用额可适当小一些，反之则应大一些；

（2）新建企业的备件资金应随修理任务的增加而逐步增加，以防止造成备件积压；

（3）专用设备、非标准设备、自动化较多的企业及陈旧设备较多的企业，备件资金可适当多些；

（4）考虑批量折扣和价格因素，注意备件市场价格的波动，在保证备件质量的前提下，订购价格较低的备件；

（5）适当凭借买方市场的优势，构建备件供应的战略合作伙伴队伍。

三、备件经济管理考核指标

（1）备件储备资金定额。它是企业财务部门对设备管理部门规定的备件库存资金限额。

（2）备件资金周转期。在企业中，减少备件资金的占用和加速周转具有很大的经济效益，也是反映企业备件管理水平的重要经济指标，其计算方法为

$$资金周转期（年）= \frac{年平均库存金额}{年消耗金额}$$

备件资金周转期一般为一年半左右，应不断压缩。若周转期过长造成占用资金过多，企业就应对备件卡上的储备品种和数量进行分析、修正。

（3）备件库存资金周转率。它是用来衡量库存备件占用的每元资金，实际上满足设备维修需要的效率。其计算公式为

$$库存资金周转率 = \frac{年备件消耗总额}{年平均库存金额} \times 100\%$$

（4）资金占用率。它用来衡量备件储备占用资金时合理程度，以便控制备件储备的资金占用量。其计算公式为

$$资金占用率 = \frac{备件储备资金总额}{设备原购置总值} \times 100\%$$

（5）资金周转加速率

$$资金周转加速率 = \frac{上期资金周转率 - 本期资金周转率}{上期资金周转率} \times 100\%$$

四、降低备件库存的常用措施

备件占用资金的多少，周转快慢，对企业经济效益有着直接的影响，应在保证维修和设备完好的前提下尽量减少备件资金占用额，提高备件资金周转率。资金周转周期应控制在一定范围内，如若周转期过长，占用资金过多，则应设法压缩备件品种和数量。企业降低备件库存比较常用的措施包括以下几种。

（一）加强设备维护

加强设备维护保养与设备运行管理，制止超负荷运转，减慢设备零部件磨损，从而降低其消耗速度。

（二）定期调整

定期结合实际消耗情况和备件资金周转天数来调整消耗定额与储备定额最大值、最小值，最好每年在编制备件年度供应计划前，应按上一年度的实际消耗情况进行调整，特别注意将超过平均周转天数的那些备件的定额降下来，按调整后的新定额编制年度供应计划。

（三）加强协调

加强计划合同与仓库库存之间的协调管理，注意信息连通，及时发现超储的备件，适时地进行备件供应计划的季度或半年调整，尽量使备件库存变化在控制的范围内。

（四）优化进货渠道

认真细致地编制好备件年度供应计划，要求备件供销人员严格执行计划，按计划要求签订供货合同，并"货比三家"，搞好协作关系，在保证质量、合理单价的基础上选择制作周期短、经济批量小的单位订制。

（五）提高诊断检测水平

按照设备综合管理的要求，加强设备故障诊断监测，切实掌握设备性能与磨损情况及其变化趋势，编制准确的检修计划，减少非计划检修工作量，在此基础上，将计划检修备件与非计划检修备件分开。其中计划检修（主要是大、中修）备件一次性按检修计划供应，不纳入库存的消耗与储备，而库存备件只考虑非计划检修与日常维护的消耗。至于计划大、中修的实际消耗与原先计划不符部分，则由库存备件来调节。

(六) 设立专职岗位

建议备件消耗、储存量大的企业设立"备件工程师"这一技术岗位，专门研究各种备件消耗规律，收集备件加工、订制和供应商信息，运用备件库存理论来优化调整库存结构，加强备件资金周转率，在保证检修的情况下，降低备件库存。

练习与思考

一、填空题

1. 备件管理是指备件的_____、_____、_____、_____、_____的组织与管理，它是设备维修资源管理的主要内容。
2. 备件按精度和制造工艺的复杂程度分为分_____和_____；按备件的技术特性分为_____、_____和_____；按备件来源分为_____和_____。
3. 备件管理工作的内容主要包括四个方面，即_____、_____、_____和_____。
4. 备件的储备形式按备件的作用分为_____、_____和_____。
5. 备件计划按时间分为_____、_____和_____等。
6. 备件经济管理的考核指标有_____、_____、_____、_____、_____等。

二、简答题

1. 备件管理的目标和任务是什么？
2. 如何确定备件的储备定额？
3. 编制备件计划的依据有哪些？
4. 备件库房管理的基本工作内容是什么？降低备件库存有哪些常用措施？

第八章

动力设备与能源管理

第一节 动力设备管理

一、动力设备管理概述

(一) 动力设备管理的重要性

动力设备及其传导管线是企业生产活动的心脏和脉管,只有确保动力设备安全可靠、经济合理地运行,才能保证生产的正常进行。动力是保证企业完成生产计划的关键因素,是组织均衡生产的重要条件。动力参数不符合要求将直接影响产品的质量、数量以及安全、环保等,从而影响企业的经济效益。

动力设备及设施在企业中占有重要的地位。例如,在机械制造行业中,动力设施的固定资产值占企业固定资产总值的15%~25%,而动力费用占生产成本的5%~10%;化工、冶金等行业动力设施的固定资产值、动力费用所占比重更大,加上动力设备自身具有长期连续运行、高温、高压、低冷、高电压、强电流、大功率等运行条件,以及具有易燃、易爆、易被电击等危险因素的特点,因此,加强和搞好动力设备的管理,无疑对企业安全生产、节约能源、提高产品工艺质量和提高企业经济效益都具有十分重要的意义。

(二) 动力设备管理的范围

动力设备管理的主要目的是使各种动力设备正常运转,不断地供应符合生产需要的各种动力,充分发挥各种能源的作用。其管理范围包括电(电气系统、电子通信系统)、水(热水、自来水、下水等)、气(蒸汽、压缩空气、氧气、煤气、天然气等)以及冷冻空调载能体转换、输送和使用等,具体包括:

(1) 电气系统:包括发电、变配电和输送的电气装置;机械设备的电气部分;电气工艺设备;通信设备及其网络系统等。

(2) 蒸汽系统:指锅炉房的全部设备;生产用蒸汽加热设备等。

(3) 煤气或天然气系统:包括煤气发生设备及输送管道;天然气流量装置、调压装置、控制阀及输送管道等;燃烧煤气及天然气设备等。

(4) 压缩空气系统:指空气压缩机、循环水泵、冷凝器和冷却设备、蓄气缸等以及压缩空气全部输送管道。

(5) 氧气、乙炔和二氧化碳等供应系统:指氧气站和乙炔站全部设备,有关的氧气、乙炔输送管道和车间的乙炔气瓶(或乙炔发生器)等。

(6) 供水系统：包括水泵站的全部设备和设施。

(7) 采暖通风、空调系统：包括采暖通风装置、除尘及降温、恒温装置。

(8) 所有动力网络、线路、管道等。

（三）动力设备生产运行特点

(1) 运行时间长。一般生产具有连续性特点，中途不能间断、停顿，否则会造成全厂或部分车间（工段）设备停产，给企业带来重大经济损失。

(2) 安全要求高。动力设备所生产和传输的物质或介质一般具有高温、高压、易燃、易爆、高电压的特点，从而给设备管理维修工作提出了极为严格的要求，如果管理不严，维修不善，就有可能造成重大的人身伤亡事故和设备事故。

(3) 主要污染源的特点。动力设备在生产运行过程中，会产生污染环境和损害职工健康的废气、废水、废渣和噪声。为了保护环境和职工的健康，国家有关主管部门颁布了一系列法律、法令、法规和规章，对工业污染严加限制和管理。如何保证这些法律规章的切实贯彻，使工业污染得到控制和防治，是动力设备管理工作的一项重要任务。

做好动力设备的管理和维修工作，不断改善它们的技术状况，使之安全可靠、连续不断地正常运行，对保证企业的生产正常进行、环境不受污染、职工健康不受损害和企业的经济效益不断提高，都是极为重要的。

（四）动力设备的特殊性

(1) 系统性、连续性、同时性。企业的动能发生转换设备、分配传输设备和耗能设备，三者互相连通，构成了企业的动力系统。从某种意义上说，动力发生转换设备及其传输管线犹如企业生产的心脏和动脉。因此，动能发生、转换、分配、传输和耗能的每个过程，都是整个动力系统统一的、连续的工艺过程的环节，其中任何一个环节的中断，都会给企业带来重大损失。

某些动能如电等，一般不能或很难合理进行储存，其生产和消耗是同时发生的，在数量上也是基本相等的（其间的量差是各种环节上的损耗）。同时，动能发生、转换和传输设备大都服务于企业的各车间、工段，它具有公用性。因此，一旦发生故障便往往会影响全局。

由于上述特性，动力系统中要强调高度的可靠性，即必须保证系统结构的可靠性（如耐压强度和热稳定性等），保证动力设备的完好，保证正常的供应参数。

(2) 危险性。动力系统的主要装置和采用的介质一般具有高温、高压或有害、有毒等性质。因此，在安全方面有特殊要求，必须把操作、运行、维护安全问题置于首位。

(3) 运行的经济性。动力设备是企业的重点耗能设备，其使用效能的高低具有重要意义。一般来说，动力设备都有其经济负荷，在连续运行、负荷稳定的情况下，动力设备才会有较高的效率。因此，必须有计划地使用动能，调整负荷，提高用能负荷率和设备利用率，尽量降低系统中的损耗，以保证系统运行的经济性。

(4) 供能的合理性。各种动能具有不同的品位，应根据负荷的性质，合理选用和分配动能，按能源的品位参数安排其用途。采用梯级利用、循环利用、充分利用热能的余热，以及减少能源与交换次数等措施，不断提高能源利用率，达到供能的合理性。

（五）动力设备管理的主要任务

动力设备管理的主要任务是保证动力系统正常连续运行，经济合理地供应生产所需的各种动力。具体内容包括以下几个方面：

1. 安全可靠

（1）明确划分动力系统分工管理范围，建立岗位责任制，制定各类设备操作规程和使用联系制度。

（2）编制健全的规章制度，要有一套以岗位责任制为中心，完整、科学的规章制度。

（3）加强对人员的技术培训考核，提高操作人员素质。

（4）认真贯彻动力设备和系统的预防维修和日常保养工作，充分利用节假日等生产间隙时间维修设备。

2. 经济合理

（1）根据生产工艺要求及所用动力设备和系统的实际，确定各种动力设备的最佳经济运行参数，定出允许波动范围，以减少能耗。

（2）充分发挥设备效能，合理利用能源，达到节能效果。

（3）充分利用动力设备的容量和网络的输送能力，提高生产率，降低消耗。

（4）加强生产组织调度，搞好动能供耗管理。开展企业的能量平衡测试，建立能量平衡图（表）和能量流图。搞好动能的计划分配，制定动能消耗定额。加强动能计量仪表管理，加强动能供耗负荷和数量统计分析，开展经济核算。

二、动力设备的运行管理

（一）动力设备安全运行要求

（1）动力站房的设计、建造与动力设备的选型、安装必须符合规定要求，这是保证动力设备安全运行的基础条件。

① 动力站房及其辅助设施、公用设施的布置、设计、施工及动力设备的工艺布置必须符合有关规范的要求。

② 动力设备的生产能力和动能质量（生产）必须能满足企业生产的需要，动力管线必须布局合理、运行可靠。

③ 动力设备与管线系统的安装调试必须符合有关规程要求，并经过严格的检查验收。

（2）有健全的动力设备管理机构，配备数量适当、素质较高的管理人员、技术人员、运行操作人员和设备维修人员。

（3）有严格的安全检查、设备技术状态检查和设备维护修理制度，预防和控制事故的发生。

① 建立对动力设备及动力管线的日常巡回检查和定期检查制度，逐步采用状态监测技术，及时发现事故苗头和设备缺陷并加以修理或处理，以预防和控制事故的发生。

② 建立完善动力设备日常维护制度、计划预修制度，切实执行设备预修计划，保证设备处于完好状态。

③ 根据有关的规范、法规，如《电力工业技术管理暂行法规》《电气装置安装工程电力变压器、油浸电抗器、互感器施工及验收规范》《电业安全工作规程》《工业企业电气装置技术管理规程》《锅炉及压力容器安全监察规程》《压力容器使用登记管理规则》《蒸汽锅炉安全监察规程》《热水锅炉安全技术监察规程》《工业锅炉房设计规范》《氧气站设计

规范》《压缩空气站设计规范》《气瓶安全监察规程》等，制定各种安全检查、质量检验、环境监察等技术标准，作为对动力设备及动力管线进行安全技术检查和质量检验的依据。

④ 建立完善的技术资料的收集、整理、保管、借阅制度。技术资料包括：各动力站房的技术设计及施工设计图和平面布置图；动力设备使用说明书和维修备件图册；全厂、分厂、区、车间动力管线图、动力系统竣工图、动能生产工艺流程图和继电保护原理接线图等，以供对动力设备及管线进行安全技术检查和维护修理时使用。

⑤ 配备足够的、先进适用的检测试验器具和仪器进行安全检查、质量检查、状态监测、环境监控等。

（4）有严格的安全操作规程和完善的岗位责任制度。

① 通过建立各种安全工作规程，保证动力设备的安全运行。如在操作、维修动力设备和进行安全试验时应遵守的工作规程及应采取的技术措施和组织措施；发生事故时的紧急处置方法；某些动力设备工作时应采取的特殊安全措施等。

② 建立运行操作规程，包括动力设备正常操作的方法和程序；允许使用的运行参数范围；开车（点火）、停车（熄火）的操作程序和注意事项；运行操作中应重点检查的项目和要求；可能出现的异常现象及其判断方法和对策等。

③ 进行预防性试验的项目、期限与技术标准。

④ 各种运行管理制度，如岗位责任制、交接班制度、巡回检查制度、安全防火制度等，并做好各种记录。

（二）动力设备运行调度体系

动力设备运行管理比较严密复杂。企业在外部要接受主管业务部门的技术监督和调度，在企业内部为使各动力设备相互协调，建立正常的运行秩序，也必须相应建立运行调度体系。上与外部供电、供热、供水、供燃气等主管业务部门的调度单位衔接，下管到企业各个动力站，各种动力传输管网，直到重点耗能设备。

具体的调度方式可根据企业实际制定。例如：涉及采取各种安全措施的操作，应采用调度工作单的方式；属于停送动力的调度，允许口头或电话调度；在紧急情况下，允许口头调度及现场调度，先操作后补记录；在特别紧急的情况下，现场运行人员可以先操作，然后向调度室报告等。调度室和运行管理人员所在现场，应设置模拟板，明显标示系统运行状况，使系统运行状况一目了然，防止调度管理出现差错。

（三）动力设备的日常管理

动力设备日常管理和维护应达到：

（1）建立运行制度、操作规程、安全规程、岗位责任制等。

（2）设备运行状态参数符合设备出厂、生产需要、运行安全可靠、节约能源及环境保护的有关规定。

（3）安全装置、保护元件、监测仪表及自动化器件齐全、完整，工作稳定可靠。所有阀门关闭灵活、严密，所有管道及附属装置标志明确，环境清洁整齐。

（4）设备运行正常，无异常振动、噪声、温升和润滑不良，工作可靠，无跑、冒、滴、漏现象。

（四）动力运行经济技术指标和考核体制

动力设备各级运行管理单位实行目标管理工作之一是针对各动力站、各耗能单位和耗能设备建立动力运行的各项经济技术指标和考核体制。

动力运行经济技术指标主要用于动能发生转换的装置，使其经常处于或接近最佳运行工况，减少损耗，以最少的能源消耗获得最佳效果。经济技术指标应根据燃料、原料的品质，设备技术状态，人员技术水平，计算仪器以及同行业先进指标等条件，通过试验、比较和分析来确定。执行过程中应进行考核分析，不断总结经验，定期测试、修改提高，以逐步降低燃料、原料消耗和生产成本。

（五）故障和事故管理

动力设备在运行中，因故障中断运行，必须及时分析情况，查明原因，确定为误工操作、故障、设备事故或运行事故中的哪一种，并应及时组织有关人员按规定认真处理。在事故处理时，要在现场调研、分析，分清原因及责任，做到"三不放过"。重大、特大事故按上级主管部门规定办理。

三、动力设备的经济管理

要改善企业经营管理，降低产品成本，必须重视企业动力设备维修费用和动能费用的核算，这是搞好动力设备经济管理的主要工作。

（一）动力设备经济管理目标

（1）动力部门要健全经济责任制，把动力设备管理与维修的各个环节的经济活动纳入经济核算的内容，要通过制定有关动力设备的运行、维修等方面的经济指标，逐步掌握动力设备各项费用在企业总成本中的比例关系，从而找出降低动力设备费用的正确途径。

（2）动力部门要加强对动能消耗和维修费用的管理，做好动能成本、维修费用的核算与经济分析工作。

（3）结合动力设备的大修理进行的技术改造，其费用超过正常大修费用时，应按规定办理增值手续。

（4）按规定认真做好动力设备完好率、故障停机率、万元产值维修费、大修理费用、大修理计划完成率等指标的统计、分析和考核工作。

（5）做好动力设备的资产管理工作，建立各种动力设备台账（包括单台设备的台账和各动力站房的汇总台账），建立各种流量计卡片（包括对水、电、煤气、蒸汽、压缩空气、油、氧气等流体）及动能计量装置网络分布图等。

（二）动能的经济核算

动能是指企业内动力部门负责供应和管理、使用于生产过程中的各种能源及载能体，一般包括水、电、煤气、蒸汽、压缩空气、氧气、乙炔、燃料油等。开展动能经济核算的目的是促使动能生产部门降低动能生产成本，合理、节约使用动能，降低动能消耗费用和产品生产成本。

动能经济核算的主要内容是：建立动能生产与消耗统计记录，并进行统计分析，实行定额管理；搞好修理及运行费用的预算；核算动能生产成本，进行成本控制。

1. 动能生产与消耗统计

首先建立各动力站房的动力设备运行记录及燃料、动能的耗用记录，进行统计汇总，计算出生产单位动能的耗能量（例如每吨蒸汽的耗电量，每立方米压缩空气的耗电量等），以便检查和修改消耗定额。同时绘出各种动能的日负荷曲线，计算出每天的小时最大负荷和小时平均负荷，据此计算出全厂用能负荷率和动能设备利用率：

$$全厂用能负荷率 = \frac{平均负荷}{最大负荷} \times 100\%$$

$$全厂动能设备利用率 = \frac{平均负荷}{动能设备总容量} \times 100\%$$

还要建立各用能部门的耗能记录，计算出全厂和各车间的年度、月度单位产品（产值）动能消耗量，以便检查修改动能消耗定额，并计算出各用能车间的最大负荷与平均负荷，从而算出车间用能设备利用率：

$$车间用能设备利用率（负荷率）= \frac{车间平均负荷}{车间用能设备总容量} \times 100\%$$

2. 修理及运行费用的预算

动力部门每年要按动力设备和动力管线的类型、种类，必要时还应按每个类别来编制动力设备及管线的修理和运行费用预算。费用预算一般包括：基本工资、奖金及其他福利费；材料、备件和外购成套件的费用；车间和全厂性的杂项开支等。

3. 核算动能生产成本

动能生产成本一般包括：原材料、辅助材料；燃料和动力费用；工资及其附加费；车间管理动力站房生产所发生的各项费用等。

以上四项均发生在动力部门内，称为车间成本，作为企业结算动能单价用。如果企业对外转供动能，则动能价格应在车间成本的基础上，加上企业管理费的分摊部分及利润率。

第二节 能源管理

一、能源管理概述

（一）能源的定义及其分类

自然界在一定条件下能够提供机械能、热能、电能、化学能等某种形式能量的资源叫做能源。能源的种类很多，它的分类方法也很多。按照能源的生成方式可分为一次能源和二次能源。

1. 一次能源

一次能源又称自然能源。它是自然界中以天然形态存在的能源，是直接来自自然界而未经人们加工转换的能源，例如煤炭、石油、天然气、太阳能、水能、风能等。

一次能源还可以按照其是否可以再生分为可再生能源和不可再生能源。所谓可再生能源是指在自然界中能不断再生并有规律地得到补充的能源，例如太阳能、风能、水能、生物能等。不可再生能源则是指短期内不能再生，并将随着人类的不断开发利用越来越少的能源，例如煤炭、石油、天然气等。

2. 二次能源

由一次能源经过加工转换而得到的能源产品称为二次能源，例如蒸汽、电能、煤气、焦炭、汽油、柴油等。

此外，按照各种能源在当代人类社会经济生活中的地位，人们还常常把能源分为常规能源和新能源两大类。技术比较成熟，已被人类广泛利用，在生产和生活中起重要作用的能源称为常规能源，例如煤炭、石油、天然气、水能等。目前尚未大规模开发利用，还有待进一步研究试验与开发利用的能源称为新能源，例如太阳能、风能、核聚变能等。

（二）能源的特点

能源是国民经济发展不可缺少的重要物质基础，是现代化生产的主要动力来源。现代工业离不开能源动力。从使用的角度看，能源具有下述特点：

1. 必要性和广泛性

从生产到生活，各行各业、家家户户都离不开能源。随着社会的发展，能源的需用量将越来越大，使用能源的必要性和广泛性也越来越突出。

2. 连续性

生产的连续性要求动能必须连续供应。连续生产的现代化企业一旦能源中断，会迫使生产停顿，甚至造成重大经济损失和事故。

3. 一次性和辅助性

目前广泛应用的绝大多数能源是非再生能源，使用是一次性的。而且能源并不构成产品本身实体，生产过程中只发挥辅助性功能。

4. 替代性和多用性

各种能源的形态在一定条件下可以互相转换，应对能源利用的经济合理性作比较，在满足生产工艺要求的前提下，尽可能以一次能源代替二次能源，低品位能源代替高品位能源。大多数能源既可用作燃料，又可用作原料或辅助材料，应根据不同的用途，按照经济合理的原则对所用的能源进行选择。

5. 不易储存性

在目前的技术条件下，有些能源例如电能、蒸汽能等不易储存，要求生产、运输、使用过程中必须在时间上保持一致，数量上基本平衡，否则会造成浪费。

（三）能源与环境保护

能源是人类赖以生存的基础，但在其开发、输送、加工、转换、利用和消费过程中，都直接或间接地改变着物质的平衡和能量的平衡，必然对生态系统产生各种影响，从而成为环境污染的主要根源。能源对环境的污染主要表现在：温室效应、酸雨、臭氧层破坏、热污染、放射性污染等。

世界各国在利用能源的同时，大力治理能源造成的环境污染。例如：减少 CO_2 的排放，控制 SO_2 和 NO_2 的排放，减少 N_2O 的排放，减少各种废热（主要指火电厂、核电站和冶金、石油、化工、造纸等行业排放的各种废热）的排放，严格防治放射性污染等。

（四）能源与可持续发展

可持续发展是指既满足当代人的需求又不危害后代人满足需求的能力的发展。可持续发展有着深刻的内涵，表现在：“发展"是大前提，人口、经济、社会、环境、资源的协调发展是核心，资源分配和福利分享的公平性是关键，依靠科学技术开拓新的可利用的自然资源、提高资源的综合利用效率和经济效益，提供保护自然和生态环境的技术是必要保证。在我国经济快速增长的形势下，我国能源面临着供需形势紧张，能耗水平高，能源资源分布不均匀，能源开发逐步西移，能源工业技术水平较低，能源建设周期长等问题。这些问题阻碍了能源的可持续发展。

为了实现能源的可持续发展，政府应加强对能源的宏观管理和行政管理，充分运用市场机制的调节作用，充分把握经济增长的机遇。

二、能源管理

（一）能源管理的概念

能源管理是指运用能源科学和经济科学的原理和方法对能源系统全过程的各个环节进行计划、组织、调节和调度等，以实现经济、合理的开发和利用。

宏观的能源管理是指综合性的大系统的能源管理工作，例如对一个国家或地区的能源管理，或对某一类能源的管理等。微观的能源管理是指企业的能源管理。

能源管理是企业管理的重要组成部分，其目的是提高企业能源的利用率，实现增收节支。

1. 能源管理的基本要求

能源管理应保证企业对能源的需求，降低能源消耗，提高能源利用水平，减少能源对环境的污染，改善企业能源的使用效益。

2. 能源管理的主要内容

能源管理的主要内容是：

（1）贯彻执行国家的《能源法》《节能法》等法规。

（2）制定能源管理网络和能源管理规章制度。

（3）做好能源管理的基础工作。例如：制定企业的能源消耗定额；加强能源的统计分析；加强能源计量管理；认真进行能源分析，开展能量平衡工作；制定节能规划并将其与企业发展规划、技术改造规划紧密结合等。

（4）按照合理用能的原则，均衡、稳定、集中、协调地组织生产，避免能源损失浪费；组织好能源的供应和调配工作，严格执行计划用能和核销工作。

（5）新建、改建、扩建的项目，必须采用合理用能的生产工艺设备。积极开展以节能为中心的技术改造，组织好节能应用技术的研发和推广，积极开展节能宣传和组织节能方面的全员培训。

（6）在能源生产、使用、传输等过程中密切注意其对环境的影响，减少废气、废水、废渣的排放，降低噪声污染及热污染。

（二）能源计量管理

能源计量是企业计量工作的一个重要组成部分，由企业的计量机构（企业计量主管部门）统一管理，企业通过能源计量管理，促进企业实行能源定量化管理，做到能耗有数据，制定生产工序和产品能耗定额有依据，考核用能状况有标准，为制定节能的操作制度创造条件，同时为合理开展节能技术改造提供可靠依据。

企业应在计量主管部门中，设置能源计量的机构，并配备适当的专业人员，负责完成能源计量的管理、检定、测试和维修工作。主要应做好以下方面的工作：

1. 明确能源计量范围和计量级别

企业计量主管部门应做到企业用能实行全面计量，各种能源（包括一次能源、二次能源）和含能工质在其分配、加工、转换、储运和消耗的全过程中，按生产过程需要实行分别计量。能源计量级别分为三级，即一级计量（以企业为核算单位进行计量）、二级计量（以车间为核算单位进行计量）、三级计量（以班组为核算单位进行计量）。

2. 建立健全能源计量管理的制度并严格执行

企业能源计量的管理制度主要包括：源计量器具周期检定制度；能源计量测试实验室的工作制度；能源计量测试人员岗位责任制；能源计量器具使用、维护、保养制度；能源计量器具检定、测试、修理定额管理制度；能源计量器具采购、入库、流转、降级、作废核准制度；能源计量测试原始数据，统计报表管理制度；能源计量测试档案，技术资料使用保管制度等。

3. 编制能源计量点网络图

按国家规定，完整的能源计量点网络图应包括：企业平面分布示意图；能源消耗统计表及能流图；产品生产工艺流程图；能源计量器具配备汇总表等。

4. 合理配备能源计量器具

企业能源计量器具的配备率（指已配备的台数与应配备的总台数之比）一般不应低于95%。凡需要进行用能技术经济分析和考核的设备均需单独安装计量器具。除以上要求外，还应对检测率（指某一段时间内实际通过计量器具的能源总量与需要计量的能源总量之比）提出要求，对计量器具进行定期检查。

5. 搞好企业能源的统计工作

企业能源统计是能源管理的重要基础工作，其主要任务是统计企业能源消费量，研究能源消耗的规模和构成，从而计算各消耗能源部位的消耗量，用以分析能源消耗的去向与分配；其次是统计企业能源的利用情况，分析其变动原因，为加强能源管理提供资料；再次是编制工业企业能源消费平衡表，以反映各种能源的来龙去脉，研究能源利用的经济效益。

企业应建立能源统计报表制度，由节能主管部门统一制定能源消耗统计报表格式，能源消耗统计报表按月逐级上报。能源统计内容必须包括各种能源消耗量统计和能源利用水平（产值单耗和产品单耗等）统计，能源统计的时段必须与企业生产产品或财务报表同步。

企业能源统计的汇总工作由节能主管部门负责，除应完成本企业能源管理所需要的统计工作之外，还应完成行业或政府部门规定上报的能源消耗报表。

节能主管部门根据全厂各部门或企业的能源统计资料，定期编制企业能源消费平衡表，绘制企业能流网络图，以此开展企业能源消耗的统计分析工作或开展企业能量审计工作。

（三）能源消耗的定额管理

能源消耗定额是反映企业能源利用经济效果的综合性指标，它是指企业在一定的生产技术和生产组织条件下，为生产一定质量和数量的产品或完成一定量的作业而规定的能源消耗标准。

1. 能源消耗

企业的生产能耗包括基本生产能耗（指生产工艺过程中直接消耗的能量）和辅助生产能耗（指为保证生产正常进行的辅助设备和辅助部门消耗的能量）。上述两部分能耗之和即为企业的总能耗。

2. 企业能耗指标

（1）总单项能耗：指企业在统计报告期内某种单项能源的总消耗量。

（2）单位单项能耗：指企业在统计报告期内某种单项能源的单位消耗量。

（3）单位综合能耗：指企业在统计报告期内生产单位产品或单位产量所消耗的各种能源综合计算量。

（4）可比单位综合能耗：指同行业中实现能耗可比而计算出的综合能耗量。

要指出的是，在计算耗能时必须将各种能源折算成标准煤量（KGCE）。按国家标准规定，其折算方法为

$$标准煤量 = 能源量 \times 折算系数$$

式中，折算系数 = 单位某种能源的等价热量（MJ）/29.27（MJ）

3. 能源消耗定额的制定和考核

企业应根据企业的实际情况，参照国家主管部门制定的综合能耗考核定额和单项能耗定额，以及国内外同行业的能源消耗指标制定出适合本企业的各种能源消耗定额。

能源消耗定额应分级执行，将企业能耗的总定额分解成若干分定额，层层落实到车间、班组、各道工序及主要耗能设备。能源消耗定额的考核实行分级考核，并应和奖惩制度结合。

三、企业节能

我国经济建设正处在高速发展时期，能源资源的供求矛盾日益突出，能源带来的环境污染也日益严重。节约能源、反对浪费、发展循环经济已成为我国经济发展的一项战略国策。工业企业是能源消耗大户，重视节能、加强节能管理已成为现代企业增强市场竞争力的重要保证。

1998年1月1日起，我国正式实行《中华人民共和国节约能源法》。《节约能源法》的颁布实施，对于推进全社会节约能源，提高能源利用效率和经济效益，保护环境，保障国民经济和全社会的可持续发展，满足人民生活需要，具有重要和深远的意义。

（一）节能及节能管理的基本概念

节能就是节约能源，就是指加强用能管理，采取技术上可行、经济上合理以及环境和社会可接受的措施，减少从能源生产到消费各个环节中的损失和浪费，更加有效、合理地利用能源。

通过提高用能设备的能源利用效率，直接减少能耗或采用新工艺以降低产品的有效能耗

均称为直接节能。通过各种途径减少原材料消耗，提高产品质量，间接减少能耗，或调整产品结构，发展耗能少的产品均称为间接节能。

节能管理是指通过对用能过程的科学管理，达到最经济合理地开发和利用能源，即对能源系统中各种能源的生产、分配、转换和消费全过程进行计划、组织、指挥、调节和监督，使有限的能源发挥最大的作用。

（二）企业节能措施

企业中的节能措施主要有：

1. 加强能源的科学管理

建立能源管理体制，抓好节能基础工作。例如加强能源计量管理、搞好企业能量平衡、加强能源定额管理、合理组织生产、加强用能设备的管理、合理使用能源等。

2. 以节能为中心进行技术改造和设备更新

以节能为中心的技术改造和设备更新项目主要有：

（1）集中供热和热电联产；

（2）改造中低压发电机组；

（3）更新改造低效的锅炉、工业炉窑、风机和水泵；

（4）加强用能设备的保温设施；

（5）合理利用低热值燃料；

（6）余热利用；

（7）改造技术落后、能耗高的生产工艺和生产装置等。

3. 开发和采用节能新技术

工业企业中常用的节能新技术简介如下：

（1）变频调速技术。变频调速技术因其在异步电动机调速系统中具有优异的调速和启动性能、高功率因数和显著的节电效果而获得快速发展和广泛应用。

（2）斩波内馈调速技术。斩波内馈调速技术是一项融斩波控制和内馈调速技术于一体的新型交流调速技术，具有高效、节能、经济可靠的特点，适合高压中大容量的风机、泵类节能调速要求，可广泛应用于电力、冶金、石油、化工、水泥、煤矿等领域。

（3）高效低污染燃烧技术。高效低污染燃烧技术是对根据不同燃料燃烧的特点，采用各种技术措施提高燃料的燃烧效率，同时减少环境污染所采用的技术的总称。它包括气体燃料的高效低污染燃烧技术，油燃料的高效低污染燃烧技术，煤粉燃烧稳定技术，煤粉低氮氧化物燃烧技术，高浓度煤粉燃烧技术、流化床燃烧技术等。

（4）余热回收技术。余热回收技术是将设备在能量转换、传递过程中产生的余热，（如高温烟气的余热、可燃废气的余热、高温产品的余热、冷却介质的余热、化学反应的余热、废水的余热等）加以回收利用的技术。余热回收利用的途径主要有三方面：余热的直接利用（指用余热预热空气，用余热干燥加工材料和部件，用余热来生产热水和低压蒸汽等）；余热发电（指用余热锅炉产生蒸汽来发电，高温余热作为燃气轮机的热源、利用燃气轮发电机组发电等）；余热的综合利用（指根据工业余热温度的高低，采用不同的方法，实现余热的再利用）。

(5) 热泵技术。热泵是一种热量由低温物体转移到高温物体的能量利用装置，它可以从环境中提取热量用于供热，所提供的热量远大于它所消耗的机械能。在工业企业中电动热泵、吸收式热泵应用较广，利用热泵可将生产中产生的大量低温余热"泵"为热水或蒸汽再用到生产中去。

（三）国家"十二五"工业节能减排十项重点工作

工业和信息化部 2011 年 11 月 10 日召开全国工业系统节能减排工作电视电话会议，根据"十二五"国家节能减排的目标任务，提出了工业领域"十二五"主要节能减排奋斗目标：2015 年单位工业增加值能耗、二氧化碳排放量和用水量分别比"十一五"末降低 20%左右、20%以上和 30%，工业 COD、二氧化硫排放总量减少 10%，工业氨氮、氮氧化物排放总量减少 15%，工业固废综合利用率提高到 72%左右。

"十二五"工业节能减排需扎实推进的十项重点工作是：

（1）严格控制"两高"和产能过剩行业新上项目。
（2）坚决完成淘汰落后产能各项任务。
（3）切实加强节能降耗技术改造。
（4）全面提升企业节能管理。
（5）积极推进清洁生产和重金属污染防治。
（6）大力发展节能环保产业。
（7）加快推进"数字能源"和绿色 ICT 战略。
（8）加强工业固体废物资源综合利用和循环经济发展。
（9）大力推进工业节约用水。
（10）完善工业节能减排政策机制。

练习与思考

一、填空题

1. 动力设备生产运行特点是_____、_____和_____。动力设备的特殊性主要体现在_____、_____、_____和_____等方面。
2. 按照能源的生成方式可分为_____和_____。按照各种能源在当代人类社会经济生活中的地位，还常常把能源分为_____和_____两大类。
3. 能源的特点主要体现在_____、_____、_____、_____和_____等方面。
4. 能源管理的基本要求是_____、_____、_____、_____。
5. 反映企业能耗的主要指标是_____、_____、_____、_____。

二、简答题

1. 动力设备管理的主要任务是什么？
2. 动力设备安全运行的要求是什么？
3. 如何搞好企业的能源计量管理工作？
4. 能源管理的主要内容是什么？
5. 企业中的节能措施主要有哪些？

第九章

设备的改造与更新

技术改造与更新是以技术进步为前提，将现代科学技术成果应用于企业生产的各个环节，用先进的技术改造落后的技术，用先进的工艺和装备代替落后的工艺和装备，实现企业内涵扩大再生产，达到增加品种，提高质量，节约能源，降低原材料消耗，提高劳动生产率，提高经济效益的目的。

由于机器设备是企业生产技术发展和实现经营目标的物资技术基础，设备的技术性能和技术状况直接影响企业产品质量、能源材料和经济效益，因此，设备的技术改造与更新直接影响企业技术进步、产品开发和开拓市场的后劲。随着我国经济体制改革和企业内部改革的深化、社会主义市场经济的发展，企业面对国际、国内市场的激烈竞争，越来越迫切地需要提高技术装备的素质，采用新技术、新工艺、新设备，加速企业设备的改造与更新，提高竞争和可持续发展能力。这既是国家的装备政策，又是企业的一项重要战略任务。

第一节 设备的磨损和寿命

一、设备的磨损

设备在使用或闲置过程中，在外力或自然力的作用下，必然会产生磨损。磨损可分为有形磨损、无形磨损和综合磨损三种。根据不同磨损情况，可采取修理、改造和更新等不同方式进行补偿。

（一）有形磨损

有形磨损是指设备在实物形态上的磨损，又称物质磨损。按其产生的原因不同，有形磨损可分为以下两种形式。

1. 第一种有形磨损

其是指设备在生产使用过程中，在外力作用下（如摩擦、受到冲击、超负荷或交变应力作用、受热不均匀等），导致机器设备的实体发生的有形磨损。通常表现为机器设备零部件原始尺寸、形状发生变化、公差配合性质改变以及精度降低、零部件的损坏等。这种磨损随着使用时间的推移，其磨损速度和程度是不平衡的，一般分为三个阶段，即初期磨损阶段、正常磨损阶段和急剧磨损阶段，如图9-1所示。

（1）初期磨损阶段：是指设备投产使用初期，因零件加工后的表面较粗糙，在使用时经过研合或磨合，使表面粗糙度减少的过程。这一阶段磨损速度较快。

(2) 正常磨损阶段：是指经初期磨损阶段，零件表面上的高低不平及不耐磨的表层已被磨去，零部件之间建立了弹性接触的条件，磨损已经稳定下来的过程。这期间磨损量与时间成正比增加，磨损速度较小，持续时间较长，是零件的正常使用期限。

(3) 急剧磨损阶段：是指由于零部件已达到它的使用寿命（自然寿命）而仍继续使用，破坏了正常磨损关系，使磨损加剧，磨损量急剧上升的过程。这期间造成机器设备的精度、技术性能和生产效率明显下降。

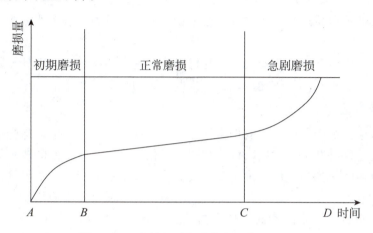

图 9-1　设备使用过程中的有形磨损规律

2. 第二种有形磨损

其是指设备在闲置过程中，由于自然力的作用而腐蚀，或由于管理不善和缺乏必要的维护而自然丧失精度和工作能力，使设备遭受的有形磨损。

第一种有形磨损与使用时间和使用强度有关，而第二种有形磨损在一定程度上与闲置时间和保管条件有关。

在实际生产中，以上两种磨损形式往往不是以单一形式表现出来，而是共同作用于机器设备上。有形磨损的后果是机器设备的使用价值降低，到一定程度可使设备完全丧失使用价值。设备有形磨损的经济后果是生产效率逐步下降，消耗不断增加，废品率上升，与设备有关的费用也逐步提高，从而使所生产的单位产品成本上升。当有形磨损比较严重时，如果不采取措施，会引发事故，从而造成更大的经济损失。

（二）无形磨损

设备在使用或闲置过程中，由于其再生产（新制造）的必要劳动时间减少或新技术、新工艺、新材料出现而引起的设备价值损失，称为无形磨损，也可理解为"无形贬值"。无形磨损可分为以下两种形式。

1. 第一种无形磨损

设备的技术结构和性能并没有变化，但由于技术进步，社会劳动生产率水平的提高，同类设备的再生产价值降低，致使原设备相对贬值。这种磨损称为第一种无形磨损。

例如，汽车行业的飞速发展，促使汽车售价连续多年递降。这种无形磨损虽有设备部分贬值的经济后果，但设备本身的技术特性和功能不受影响，即使用价值并未因此而变化，故不会产生提前更换现有设备的问题。

2. 第二种无形磨损

由于科学技术的进步，不断创新出性能更完善、效率更高的设备，使原有设备相对陈旧落后，其经济效益相对降低而发生贬值。这种磨损称为第二种无形磨损，又称技术性无形磨损。

技术性无形磨损虽然没有使机器设备未达到其物理寿命（运行寿命），甚至还很"年轻"，但其生产率已大大低于了社会平均水平，如继续使用，生产产品的成本便会大大高于社会平均成本，造成单位产品成本升高，在市场上缺乏竞争力。故企业需购置新设备代替过时的旧设备。

例如，轧钢型钢生产中，以短应力线轧机为代表的高刚度轧机，因其轧制的型材质量易于控制和保证，并且可提高轧制速度，已逐步取代普通轧机。

（三）综合磨损

设备的综合磨损是指同时存在有形磨损和无形磨损的损坏和贬值的综合情况。对任何特定的设备来说，这两种磨损必然同时发生和同时互相影响。某些方面的技术进步可能加快设备有形磨损的速度，例如高强度、高速度、大负荷的技术的发展，提高了设备的利用率，但必然使设备的物理磨损加剧。同时，某些方面的技术进步又可提供耐热、耐磨、耐腐蚀、耐振动、耐冲击的新材料，使设备的有形磨损减缓，但由于使用周期的延长，使其无形磨损加快。

二、设备磨损的补偿

设备发生磨损后，需要进行补偿，以恢复设备的生产能力。由于机器设备遭受磨损的形式不同，补偿磨损的方式也不一样。设备有形磨损的局部补偿是修理，无形磨损的局部补偿是现代化改装。有形磨损和无形磨损的完全补偿是更新。

大修理是按照原样更换部分已磨损的零部件和调整设备，以恢复设备的生产功能和效率为主；现代化改造是按照现有的新技术对设备的结构作局部的改进和技术上的革新，如增添新的、必需的零部件，以增加设备的生产功能和效率为主。这两者都属于局部补偿。大修理的补偿价值不会超过原设备的价值，而现代化改造既能补偿有形磨损，又能补偿无形磨损。它的补偿价值有可能超过原设备的价值。更新是对整个设备进行更换，属于完全补偿。

由于设备总是同时遭受有形磨损和无形磨损，因此，对其综合磨损后的补偿形式应进行更深入的研究，应用财务评价方法确定采用大修、现代化改造和设备更新等补偿方式。

设备磨损形式及其补偿形式见图9-2所示。

三、设备寿命

设备寿命是指设备从投入生产开始，经过有形磨损和无形磨损，直至在技术上或经济上不宜继续使用，需要进行更新所经历的时间。工程运用中设备的寿命有四种，即设备物质寿命、设备技术寿命、设备经济寿命和设备折旧寿命。

（一）设备物质寿命

其亦称设备自然寿命，即设备从投入使用到不能修理、修复而报废为止所经历的时间。影响设备物质寿命的因素很多，主要是设备的结构及工艺性、加工对象、生产类型、维修质

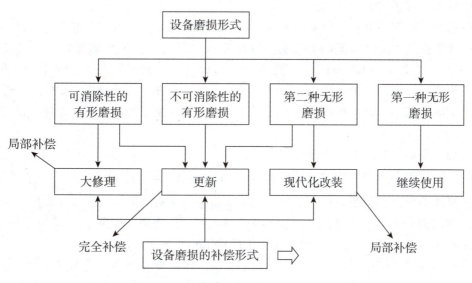

图 9-2　设备磨损形式及其补偿形式

量等。做好机器设备维护修理工作，能延长其物质寿命；但随着机器设备使用时间的延长，所支出的维修费用也日益增多。

（二）设备技术寿命

设备技术寿命即机器设备从开始使用到因技术落后而被淘汰所经历的时间。它是由于科学技术发展而形成的。当在技术上和经济上更先进、更合理的同类设备出现时，现有设备往往在物质寿命尚未结束之前而被淘汰。随着科学技术的飞速发展及竞争日益激烈，技术寿命越来越短。

（三）设备经济寿命

设备经济寿命即设备从投入使用到因继续使用不经济而提前更新所经历的时间。它是根据机器设备使用费用（即维持费用）决定的寿命。随着机器设备使用时间增长，所支出的维修费用也日益增多，依靠高额的维修费来延长设备使用时间是有限度的，超过设备的经济寿命而继续使用，在经济上得不偿失。

（四）设备折旧寿命

设备折旧寿命又称会计寿命，是指计算设备折旧的时间长度。

第二节　设备的改造与更新

一、设备更新改造的意义

新中国经过 60 多年的经济建设历程，特别是改革开放 30 多年的时间，中国已建成独立和比较完整的工业体系。但是，就技术装备水平、产品质量、经济效益来看，与经济发达国家相比，还有很大差距，特别是还有很大一部分老企业设备陈旧，技术落后，能源、原材料消耗多，产品质量差，经济效益低，亟待改造与更新。

从世界工业发达国家发展的历史来看，落后的生产设备是工业发展的严重障碍。第一次世界大战以前，英国是世界上最发达的工业强国，但是在后来技术已经进步的条件下，仍然舍不得彻底更换技术上已经陈旧的设备，以致受这些落后设备带来的低效率（劳动生产率低）和高消耗（动力、燃料和材料消耗高等）的影响，使英国失去了世界上领先的地位。与此形成鲜明对比的是：美国用了20多年赶过了英国和法国；德国用了30多年超过了英国和法国。美国和德国走得这样快，重要原因之一是它们在采用新技术方面超过了保守的英国和法国。

设备更新改造的意义主要体现在四个方面。

（一）设备更新改造是促进科学技术和生产发展的重要因素

设备是工业生产的物质基础，落后的技术装备限制了科学和生产的高速发展。上面提到的例子，美国和德国注意发展技术，采用新设备，工业很快超过英国；日本20世纪50年代后工业增长15倍，其原因之一是积极采用先进技术和装备。

科学技术的进步促使生产设备不断改进和提高，生产设备是科学技术发展的结晶。随着科学技术的迅速发展，新技术、新材料、新工艺、新设备不断涌现，沿用陈旧工艺的老设备在产品质量、数量等方面已缺乏竞争能力。因此要依靠更新设备来实现高产、优质、低成本，取得较好的经济效益。

（二）设备更新改造是产品更新换代、提高劳动生产率，获得最佳经济效益的有效途径

设备更新改造，技术水平提高以后，可使生产率和产品质量大幅度提高，并使产品成本和工人劳动强度降低。同时为适应新产品高性能的要求，必须采用高性能的设备。化工企业的生产特点是高温、高压、低温、负压、易燃、易腐蚀，有毒介质多、自动化程度高、连续化生产。生产过程中高效率、大容量、高精度设备越来越多，结构更为复杂。以乙烯后加工生产为例，由乙烯一步氧化制乙醛，而出现了新型的氧化反应器；由乙烯水合反应制乙醇，而设计出新型的水合反应器。

（三）设备更新改造是扩大再生产，节约能源的根本措施

中国能源有效利用率比先进国家低20%左右。设备热效率低、能耗高，更新设备可以显著地节约能源。例如我国现有工业锅炉近20万台，热效率只有55%，每年耗煤2亿吨，占全国煤产量的1/3。其中20世纪30年代的兰克夏锅炉就有6万台，热效率只有30%~40%，与工业发达国家采用热效率70%~80%的锅炉相比，一年多耗煤3 000多万吨。如果把煤耗高的这6万台兰克夏锅炉加以更新改造，每年就可省煤400万吨。可见改变落后的技术装备是提高能源利用率的最根本措施。同时为满足市场日益增长的需要，扩大短线对路产品的生产能力，必须采用更为先进的高效率、大容量、高精度设备，提高产品产量、质量和降低成本。

（四）设备更新改造是搞好环境保护及改善劳动条件的主要方法

生产中常见的跑、冒、漏、噪声、排放物等会对环境造成污染，使工人劳动强度加大，劳动条件恶劣。所以大多数这方面的问题可通过改造或更新设备得到解决。

二、设备的改造

设备的技术改造是指运用当代科学技术成果，根据企业生产、经营的需要，对原有设备

进行局部改造，以改善其技术性能，提高其综合效率，补偿其无形磨损，使其局部或全部达到当代新设备的水平。

（一）设备改造原则

设备改造应遵循以下原则：

（1）针对性原则。从实际出发，按照生产工艺要求，针对生产中的薄弱环节，采取有效的新技术，结合设备在生产过程中所处地位及其技术状态，决定设备的技术改造。

（2）技术先进适用性原则。由于生产工艺和生产批量不同，设备的技术状态不一样，采用的技术标准应有区别。要重视先进适用，不要盲目追求高指标，防止功能过剩。

（3）经济性原则。在制定技改方案时，要仔细进行技术经济分析，力求以较少的投入获得较大的产出，回收期要适宜。

（4）可行性原则。在实施技术改造时，应尽量由本单位技术人员完成；若技术难度较大本单位不能单独实施时，亦可请有关生产厂方、科研院所协助完成，但本单位技术人员应能掌握核心技术，以便以后的管理与检修。

（二）设备改造目标

企业进行设备改造主要是为提高设备的技术水平，以满足生产要求，在注意经济效益的同时还必须注意社会效益。为此，企业应注重以下四方面的目标。

（1）提高加工效率和产品质量。设备经过改造后，要使原设备的技术性能得到改善，提高精度或增加功能，使之达到或局部达到新设备的水平，满足产品生产的要求。

（2）提高设备运行安全性。对影响人身安全的设备，应进行针对性改造，防止人身伤亡事故的发生，确保安全生产。

（3）节约能源。通过设备的技术改造提高能源的利用率，大幅度的节电、节煤、节水等，在短期内收回设备改造投入的资金。

（4）保护环境。有些设备对生产环境乃至社会环境造成较大污染，如烟尘污染、噪声污染以及工业水的污染等。要积极进行设备改造消除或减少污染，改善生存环境。

另外，对进口设备的国产化改造和对闲置设备的技术改造，也有利于降低修理费用和提高资产利用率。

（三）设备改造程序

为了保证设备改造达到预期的目标，取得应有的效果，企业及有关部门负责人应注意技术改造的全过程，特别要明确技术改造的前期和后期管理是整个技术改造的关键之一。一般来说，企业设备技术改造可参照以下程序：

（1）企业各分厂（车间）于每年第三季度末或第四季度初提出下一年度的设备技术改造项目，即填写年度设备改造清单报送企业设备处（部）。

（2）经设备处（部）审查批准，列入公司设备技术改造计划，并通知各分厂（车间）填写设备技术改造立项申请单报送设备处（部）。

（3）重大设备技术改造项目要进行技术改造经济分析，报送设备处（部），并经处（部）长或企业主管负责人审批方可实施。

（4）设备技术改造的设计、制造、调试等工作，原则上由各分厂（车间）的主管部门负责实施。

（5）分厂（车间）设计能力不足，需委托设备处设计时，委托单位应提供详细的技术要求和参考资料，并要填写"设计委托申请书"。

（6）分厂（车间）制造能力不足，委托有关单位施工的须设备处（部）审批。

（7）设备改造工作完成后须经分厂和设备处（部）技改负责人联合验收。

（8）设备技术改造验收后，分厂（车间）填报改造竣工验收单和设备技术改造成果报送设备处（部）。

（9）技改项目调试验收后，要一式四份填写"设备技术改造增值申报核定书"报送设备处（部），核定后一份留存设备处，一份报送财务处，其余两份由分厂（车间）设备科、财务科办理留存。

三、设备的更新

（一）设备更新方向

设备更新要合理地把握设备的大修理、技术改造和更新的界限，做到三者之间的有机结合。对于陈旧落后的设备，即耗能高、性能差、使用操作条件不好、排放污染严重的设备，应当期限淘汰，由比较先进的新设备予以取代。

设备更新重点应考虑的是经济效益，不能简单地按役龄来画线。根据中国国情和企业自身能力进行修复，是比较合理的，不急于更新，可以修中有改；改进设备后能满足要求的，也不要盲目更新；只需要更换个别关键零部件的，就不要更新整机，只需要增加生产线上个别设备的，就不要更新整条生产线。设备更新一般有两种方式：

（1）原样更换。指把使用多年、大修多次、再修复已不经济的设备更换一台同型号的设备。这种方式只能满足工艺要求，在没有新型号设备可以替换的情况下采用。

（2）技术更新。用质量好、效率高、能耗少、环保好的新型设备，替换技术性能落后又无法修复改造或者修理、改造不经济的老设备。这是设备更新的主要方式。

（二）设备更新规划

1. 设备更新规划的编制

设备更新规划的制定应在企业主管厂长的直接领导下，以设备管理部门为主，并在企业的规划、技术发展、生产、计划、财务部门的参与和配合下进行。

2. 设备更新规划的内容

设备更新规划的内容主要包括：现有设备的技术状态分析；需要更新设备的具体情况和理由；国内外可订购到的新设备的技术性能与价格；国内有关企业使用此类设备的技术经济效果和信息；要求新购置设备的到货和投产时间；资金来源等。设备更新是企业生产经营活动的重要一环，要发挥企业各部门的作用，共同把工作做好。为避免工作内容的重复，对设备更新规划和计划的提出应适当分工，一般采用下述方法：

（1）因提高设备生产效率而需要更新的设备，由生产计划部门提出；

（2）为研制新产品而需要更新的设备，由技术部门提出；

（3）为改进工艺、提高质量而需要更新的设备，由工艺、技术部门提出；

（4）因设备陈旧老化，无修复价值或耗能高而需要更新的设备，由设备管理部门提出；

(5) 因危及人身健康、安全和污染环境而需要更新的设备，由安全部门提出；

(6) 由于上述需要又无现成设备更换的，由规划和技术发展部门列入企业技术改造规划作为新增设备予以安排。

设备更新规划的编制应立足于通过对现有生产能力的改造来提高生产效率和产品水平，也就是说，设备更新要与设备大修理和设备技术改造相结合。既要更换相当数量的旧设备，又要结合具体生产对象，用新部件、新装置、新技术等对设备进行技术改造，使设备的技术性能达到或局部达到先进水平。

3. 设备更新的时机

设备更新必然要考虑经济效益。那么什么时候更新在经济上最有利，即选择其为更新的时机。设备更新时机应考虑：

(1) 宏观环境给予的机会或限制；

(2) 微观环境中出现的机遇；

(3) 企业生产经营的迫切需要；

(4) 设备的经济寿命。设备使用到经济寿命时再继续使用，经济上不合算。因此，该设备更新时机应以其经济寿命年限为佳。条件是在设备达到经济寿命年限以前，该设备技术上仍然可用，不存在技术上提前报废问题。

（三）设备更新的经济分析

补偿设备的磨损是设备更新、改造和修理的共同目标。选择什么方式进行补偿，决定于其经济分析，并应以划分设备更新、技术改造和大修理的经济界限为主。可以采用寿命周期内的总使用成本互相比较的方法来进行分析。

（四）设备更新实施

1. 编制和审定设备更新申请单

设备更新申请单由企业主管部门根据各设备使用部门的意见汇总编制，经有关部门审查，在充分进行技术经济分析论证的基础上，确认实施的可能性和资金来源等方面情况后，经上级主管部门和厂长审批后实施。

2. 设备更新申请单的内容

设备更新申请单的主要内容包括：

(1) 设备更新的理由（附技术经济分析报告）；

(2) 对新设备的技术要求，包括对随机附件的要求；

(3) 现有设备的处理意见；

(4) 订货方面的商务要求及要求使用的时间。

3. 旧设备的残值确定

对旧设备组织技术鉴定，确定残值，区别不同情况进行处理。对报废的受压容器及国家规定淘汰设备，不得转售其他单位。

目前尚无确定残值的较为科学的方法，但它是真实反映设备本身价值的量，确定它很有意义。因此，残值确定的合理与否，直接关系到经济分析的准确与否。

4. 积极筹措设备更新资金

通过借贷、增资扩股等融资方式确保设备更新资金的到位。

 练习与思考

一、填空题

1. 设备在使用或闲置过程中，在外力或自然力的作用下，必然会产生磨损。磨损可分为_____、_____、_____三种。根据不同磨损情况，可采取_____、_____和_____等不同方式进行补偿。

2. 设备发生磨损后，需要进行补偿，以恢复设备的生产能力。由于机器设备遭受磨损的形式不同，补偿磨损的方式也不一样。设备有形磨损的局部补偿是_____，无形磨损的局部补偿是_____。有形磨损和无形磨损的完全补偿是_____。

3. 设备的综合磨损是指同时存在_____和_____的损坏和贬值的综合情况。

4. 工程运用中设备的寿命有四种，即_____、_____、_____和_____。

5. 设备更新一般有两种方式：即_____和_____。

二、简答题

1. 有形磨损分为哪些形式？其特点是什么？
2. 无形磨损分为哪些形式？其特点是什么？
3. 设备更新改造的意义是什么？
4. 设备改造的原则与目标是什么？

第十章

国际设备管理新模式简介

第一节 从预知维修到状态维修

预知维修（Predictive Maintenance）产生于计划预防维修之后，主要依赖于早期落后的计算机系统和软件来记录故障和评估系统。由于缺乏完整、连续的数据采集系统，常使设备系统的预测不准确。但随着监测手段的进步和计算机的发展，20世纪80年代形成了更为完善的体制，即状态维修。

所谓以状态为基础的维修体制（Condition Based Maintenance，CBM），是相对事后维修和以时间为基础的预防维修（TBM）而提出的。其定义为：在设备出现了明显的劣化后实施的维修，而状态的劣化是由被监测的机器状态参数变化反映出来的。

状态维修要求对设备进行各种参数测量，随时反映设备实际状态。测量的参数可以在足够的提前期间发出警报，以便采取适当的维修措施。这种预防维修方式的维修作业一般没有固定的间隔期，维修技术人员根据监测数据的变化趋势作出判断，再确定设备的维修计划。这里，设备诊断技术的应用就十分重要。

在状态维修体制中，对每一台设备都应有一套监测或状态检查方法。检查可以是定期的，也可以是连续的；检查手段可以是多种多样的。只有数据表明必须进行维修时才安排维修。而且，由于故障状态是可以预知的，维修也就成为有周密计划的和有准备的，既而可大大提高维修效率，减少维修停机时间。

状态检查可以用测量值与允许的极限值进行比较，以确定维修计划；还可以进行趋向管理，即对测出的数据进行推算，以便预测其可能超出允许值的时间，提前安排维修。

以状态为基础的维修体制，在国内通常称为状态维修或视情维修。这种维修体制是随着故障诊断技术的进步而发展起来的。如果检查手段落后，设备的劣化不能及时、准确地诊断，也就无法进行有效的状态维修了。

既然状态维修比以往的维修体制更经济、更准确，是不是对所有设备都应改用这种维修方式呢？这要看企业的性质及其设备状况。一般而言，设备先进、资金密集型产业，如钢铁、电力、电子、轻工、化工等，采用高级的状态维修体制，初期检测仪器的投入仅占总设备费用的1%，最高不超过5%，与随机故障停机损失比较是微不足道的。所以，在这些产业采用状态维修，可以减少故障停机维修时间及维修费用，产值可增加0.5%~3%，其经济效益是可观的。

对于非流程产业，以单体设备为主的产业，可以灵活地采用事后、预防或低水平的状态维修方式。

状态维修制度一般分三个等级：

（1）CBM（Ⅲ）：最简单、费用最低的一种，配备简易手提式状态检测仪器，由检测人员对设备进行巡回定期检查。

（2）CBM（Ⅰ）：最高级、费用最多的一种，设备上配备永久性的监测系统，这些系统一般可以通过计算机进行自动故障检测功能，有相应的警报装置，这种检测系统一般配备在关键（瓶颈）生产线或设备部位上，即那些一旦出现故障会造成重大损失的设备上。

（3）CBM（Ⅱ）：其效能、费用与级别介于上述两个等级之间。

第二节　以利用率为中心的维修

20世纪90年代，设备的生产能力出现了新的飞跃。国际维修体制也在不断变革，不少新的维修理论出现，以利用率为中心的维修也是其中之一。

以利用率为中心的维修（Availability Centered Maintenance，ACM），是把设备利用率放到第一位来制定维修策略的维修方式。它把当代维修方式分成五类，通过对设备利用率等因素分析，按设备的故障模式来确定设备的维修方式。其维修方式如下：

（1）定期维修：通常也称计划维修，是按照一定周期进行维修的传统体制。这种维修体制的优点是可以有计划地利用生产空隙离线操作，人力、备件均有充分的准备。对于故障特征随时间变化的设备，这种维修方式仍不失是一种可利用的方式。但对于复杂成套设备、故障无时间规律的设备，这种维修方式就不适合。

（2）视情维修：通常也称状态维修，是根据状态检测出的故障模式决定维修策略。状态监测的主要内容是状态检查、状态校核和趋势监测。这些方式一般都是在线的。

（3）事后维修：是无须任何计划的维修。但必须在人力、备件、工具上有一定准备和保障。成本较低，可以当做最后考虑的一种维修策略。

（4）机会维修：是与视情维修和定期维修并行的一种维修体制。当有些设备或部件按照状态监测结果，需要排除故障或已到达定期维修周期，对于另外一些设备或部件也是一次可利用的机会。结合生产实际，把握维修时机，主要是为了提高费用有效度。

（5）改善维修：对那些故障发生过于频繁或维修费用过大的某些设备部件，可以采用改进设计，从根本上消除故障。

维修规划是在对设备利用率等因素分析的基础上作出的。主要分析内容为：

（1）什么是关键设备？它主要按照停机后的影响来确定，并根据其生产中增加的费用比例，对生产量、需要量的影响，延长生产周期的损失，停机一次生产损失和废品、能源等二次损失等来确定。

（2）近似的利用率评估。利用率主要靠故障次数和停机时间这两个数据评估。停机时间应包括维修占用的时间。例如两年内，一台反射炉故障发生10次，共停机2 208 h；而一台浇铸机故障发生55次，共停机75 h。从可靠性来分析，浇铸机较差，其失效概率几乎是每周一次；反过来，它每次故障的平均修理工时仅为1.6 h，每周无法利用的时间不到1 h。显然，浇铸机是低可靠性高利用率的。从这个例子可以看出，利用率应作为更主要的设备排序指标。

（3）对关键设备零部件故障模式和维修项目进行评估。首先，按照设备是否关键对它们加以排序，然后按照其利用率由小到大进行排序，下面再寻找的就是关键零部件了。关键零部件可以用其故障频率来决定，即零件故障频率越高则越关键。严格来讲，零部件的评价也应从其利用率角度来考虑。有些零件故障频率高但修复容易、消耗工时短，而有些零件则恰恰相反，虽然故障频率小，而一旦发生故障，维修、更换造成的停机时间较长。因此后者应更关键。

（4）选择适当的维修方式。维修方式的选择如图10-1所示，并可以用以下路径选择维修方式：如果故障特征是以磨损为主，而状态监测又比较困难或费用大，而平均故障间隔期较长，应首选定期维修，依次可选事后维修、视情维修和改进维修；如果同样是磨损故障，或者是状态监测较容易、费用小，或者是平均故障间隔期较短，则应把视情维修放在第一位，依次再选定期维修、事后维修和改进维修。对于随机故障为主的故障，如果平均故障间隔较长，则应依次选择视情维修和事后维修；如果发生频繁，则应首先考虑改进维修，再依次选择视情和事后维修。对于处于耗损故障期、影响设备寿命的问题，不论平均故障间隔长短，均应首先考虑改进维修，其中故障间隔较长的故障，还可依次选择事后、视情维修，而频繁发生的故障，还可依次选择视情、事后维修方式。

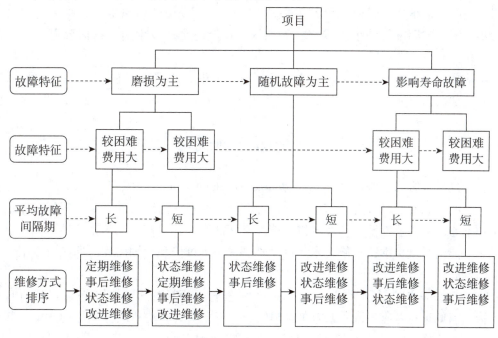

图 10-1　维修方式的选择

（5）编制单台设备维修规划。选择了每台设备的维修方式，就要制定从检测、监测、趋势分析到维修的整体规划。需要考虑生产空隙时间的选择、维修资源的准备及维修方式的选配等因素，往往需要反复推敲，争取选出最佳方案。

以利用率为中心的维修规划编制的流程如图10-2所示。

以利用率为中心的维修体制需要两个条件：一是由于需要维修数据、故障模式作为支持，这个体制更需要加强对设备的了解，加强设备的维修数据统计记录；二是由于需要选择

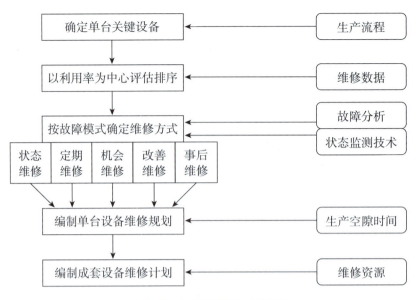

图 10-2　维修规划制定的过程

以监测为主的视情维修、以改进设计为主的改进维修、以充分利用生产空隙为主的机会维修，以及传统的定期维修和事后维修，无论从管理上还是从技术上，都需要更多的技巧和经验。

近年来随着计算机应用的普及，使得以利用率为中心的维修体制，在数据记录、统计、分析方面更加快捷方便。

第三节　全面计划质量维修

全面计划质量维修（Total Planning Qualitative Maintenance，TPQM）是一种以设备整个寿命周期内的可靠性、设备有效利用率以及经济性为总目标的维修技术和资源管理体系。其内涵是：维修范围的全面性——对维修职能作全面的要求；维修过程的系统性——提出一套发挥维修职能的质量标准；维修技术的基础性——根据维修和后勤工程的原则，以维修技术为工作的基础。

TPQM 于 1989 年在美国被提出。它是一种维修管理的新概念。它与 TPM 虽然有着相似的总目标，但侧重点各有不同。TPQM 强调质量过程、质量规定和维修职能的发挥。其重点在于选择最佳维修策略，然后有效地应用这些策略达到高标准的质量、安全、设备可靠性、有效利用率和经济的资源管理。

1. 综合维修管理

TPQM 提出维修十项要素，然后对这些要素实行综合的、一体化的、整体化的管理。也就是说，其中一个要素改变了，其他相应要素也应随之变化，以保持过程的整体性。维修职能的十项要素如图 10-3 所示。

（1）管理与组织：建立合理的组织机构及相应的职责规定。

（2）综合管理：对设备的实际状况、功能特性以及设备鉴定的技术文件作综合性的

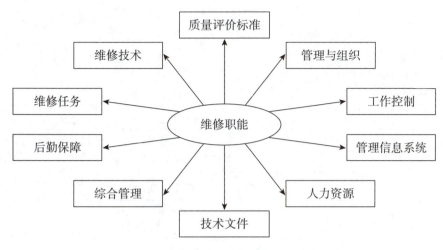

图 10-3　TPQM 维修职能的十项要素

管理。

（3）后勤保障：对保障维修的后勤项目，如零件修理、专用工具、测试设备、技术工人和计算机软、硬件作出明确规定和有效管理。

（4）质量评价标准：整个维修过程及各项要素均制定质量评价标准，加以严格管理。

（5）工作控制：对工作计划、进度安排和具体实施过程加以控制，控制内容包括成本、进度和质量。

（6）管理信息系统：包括维修计划与调度、设备跟踪与记录、维修效果与质量标准的比较及数据报告等项目的手工或计算机管理。

（7）维修任务：把需要执行的预防维修、预测维修、恢复性维修和闲置设备维修等任务的范围、频次和责任者均作出明确规定。

（8）技术文件：把图样、技术说明书、合同、程序等与维修活动有关的技术文件加以有效的管理。

（9）维修技术：维修人员应能保证正确地使用维修工具，执行维修工艺，准确地评价维修计划执行的效果。

（10）人力资源：保证维修人员的数量和资质。在培训后，应使他们能够掌握维修任务中规定的各项要求。

2. TPQM 的 PDCA（计划—实施—检查—调整）循环

TPQM 的实施过程实际上也是计划—实施—检查—调整的 PDCA 循环过程，目标是为了达到规定的质量体系标准。实施过程应有明确的界限，过程中要不断进行评价，要对过程加以合理调整，维修职能的十项要素要融合在整个过程之中。这一实施过程如图 10-4 所示。

TPQM 实施过程可以分成以下单元：

（1）管理单元：对维修职能、目的作出规定，提出总目标和分目标；提出设备使用与维修的基本规定，设置组织机构；提出人员安排；提出有关维修职能和实施过程的所有方针、政策和程序。

（2）选择单元：规定维修数量、范围，设定设备组合单元，划分系统层次结构，确定

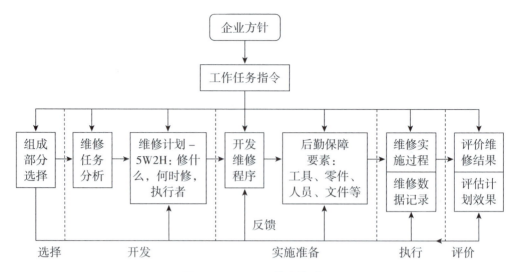

图 10-4　TPQM 的实施过程

关键设备，提出维修管理要求。

（3）开发单元通过以可靠性为中心的技术，寻求系统临界状态，确定所有值得维修项目的寿命周期。

（4）实施单元：将维修任务变成可执行的控制安全、质量和性能的工作程序。

（5）执行单元：对维修活动实行计划、进度安排和有效的控制。

（6）评价单元：对维修过程和结果进行评价，并不断改进。

（7）反馈：为改进工作提出方法、措施。

虽然 TPQM 与 TPM 有着相似的目标，但企业不可能等自己的每个成员都对维修工作感兴趣之后才实施维修。TPQM 不否定启发工人的自主维修积极性，但更依赖于一个良好的程序和组织。通过这种维修程序的实施，不断培养维修人员对维修工作的积极态度。

第四节　适应性维修

随着企业设备不断朝着大型化、复杂化和自动化方向发展，设备在生产上的重要性日益增加。如何使企业的生产活动适应市场形势的变化，成为一个重要课题。从设备管理方面来看，随着产量的变化、设备劣化的发展、诊断技术的进步及周围各种条件的变化，其体制、方式、方法也应作适应性的变化。为此，以日本某些钢铁企业为首，提出为迎接 21 世纪挑战的适应性维修（Adaptive Maintenance，AM）概念。

这一新管理模式的核心，是把综合费用降到最低。图 10-5 给出了随着维修方式的变化，维修费用和生产损失费用曲线也随之升或降的趋势。综合费用曲线，作为上述两种费用之和，呈下凹状。也就是说，我们可以找到一个最小点，在这一点综合费用最低。

对不同设备可以按照图 10-5 方式绘出综合费用曲线，并找到最小点。这样，就可以在 BDM（事后维修）和 CBM（状态维修）之间选择最佳的维修模式。

为达到综合费用的最小点，必须解决好三个问题：一是要把设备故障造成的生产损失、

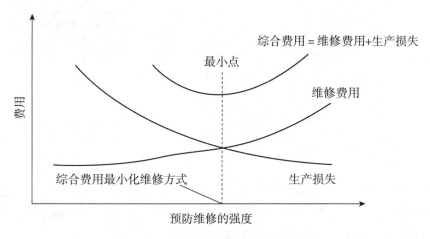

图 10-5 维修方式与综合费用的关系图

维修费用定量化；二是确定计算综合费用的经验公式或理论公式；三是要确定能够反映不同时期维修方式的变化。

1. 以费用的定量计算确定维修方式

（1）维修方式确定的逻辑过程：把每个管理单元固有的基础数据项、适应性维修数据项的定量值输入计算机，按照理论公式求出每一维修方式及点检对象的平均故障间隔期（MT-BF）与平均修理间隔期（MTBR）；再根据计算得到的各项费用，计算并确定综合费用最小的维修方式。同时，给出最佳点检周期。

（2）设备劣化模型：在开发维修方式决策系统时，需要把设备的劣化作模型化处理。一般把劣化分为三个阶段：一是从设备使用开始到安全无缺陷的稳定阶段；二是缺陷发生的阶段；三是从缺陷到故障的阶段。

（3）缺陷检查概率的计算

$$缺陷检查概率 = P_t P_i$$

式中，P_t——技术缺陷检出概率，即当对存在缺陷的部件进行诊断时，能够检测出缺陷的概率，它是以点检结果或实际数据为基础的；

P_i——点检周期概率，即当按照某一周期对设备点检时，恰好发生缺陷的概率。

（4）生产损失的定量化：生产损失是指由于外部原因或生产线本身的缺陷、故障而造成的停机损失。一般包括：能源供应短缺造成的损失，合格品率降低损失和设备故障减产损失等。

（5）适应性维修（AM）数据变更的模拟：在 AM 数据变化时，维修方式也应作出相应调整，计算机则依据输入的数据进行模拟，给出维修方式的比例选择。按照当时的认识，可选择的维修方式包括 BDM（事后维修）、TBM（以时间为基础的预防维修）及 CBM（状态维修）。

总结以上过程，按照定量计算，维修方式的决策逻辑框架可由图 10-6 给出。

2. 以经验法则决定维修方式的逻辑框架

按照经验法则需要处理下列项目：

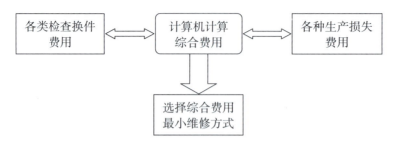

图 10-6　维修方式决策的逻辑框架

（1）点检/检查必要性的等级分类：决定点检/检查的必要性有 7 个项目，包括法规制度、推断的停机时间、产量影响度、维修费用、安全影响度、质量影响度、成本影响度，并对七个项目评价重要度级别（权重），然后输入计算机。

（2）点检/检查有效性的等级分类：决定点检/检查有效性共有 3 个项目，包括：

① 寿命系数——使用平均寿命。

② 劣化特性系数——看是属于直线比例劣化型、初期急速劣化型、后期急速劣化型、突发劣化型以及异常应力型的哪一种。

③ 劣化模型系数——看是属于磨损型、腐蚀型、功能降低型、异常振动型、绝缘老化型、变形破断型、烧损型、污损型的哪一种。

把三个项目得到的系数进行综合，得到点检的有效性系数。

（3）点检/检查的可能性等级分三点对点检/检查的可能性进行评价：

① 点检员用常规仪器能检出故障—H。

② 用简易、精密诊断仪器或技术可能检出故障—L。

③ 定量点检不可能—N。

（4）点检经济性的等级分类　点检经济性的等级分类，可作为检出故障所需时间的经济性评价。

（5）维修方式的决定　根据以上四个特性及各个项目评价，组合起来即可定出最佳维修方式。

第五节　可靠性维修

随着设备的技术进步，维修费用逐渐提高。在某些企业，甚至从占生产成本的 4% 上升到 14%，出现了维修费用率大于利润率的情况。因此，维修管理的成败就与企业的成败有着更加密切的关系了。维修或设备管理无疑会发展成为高层次的职能管理。可靠性维修就是在这种形势下发展起来的，所谓的可靠性维修（Reliability Based Maintenance，RBM），是继被动维修（Reactive mode）、预防维修、预测维修之后，新发展起来的以主动维修（Proactive Maintenance）为导向的维修体制。这一体制旨在通过系统地消灭故障根源，尽最大努力削减维修工作总量，最大限度地延长设备寿命，把主动维修、预测维修和预防维修结合起来，形成一个统一的维修策略。只要以上三种维修策略相互配合好，并充分发挥各自的作用，就可以使设备获得最高可靠性。这也是称之为可靠性维修的原因。

1. 可靠性维修的特征和目标

可靠性维修是由预防维修、预测维修和主动维修有机组合而成的。可靠性维修应尽量避免被动维修，因为它可导致过多的非计划停机。预防维修的采用，虽可减少非计划停机，却可能造成维修过剩，因此应加以适当控制。预测维修可预先采取维修措施，既减少停机，又可减少维修过剩，是值得提倡的方式，但这种维修方式却不可能从根本上消灭故障。主动维修则致力于从根本上消除故障隐患，延长大修理周期，不断改善系统功能。

可靠性维修所要达到的主要目标是：详细掌握设备信息，积极减少设备故障，根本延长设备寿命，显著减少维修费用。

2. 预防维修

预防维修又称为以时间间隔为基础的维修。它也是常用的可靠性维修方法。成功的预防维修费用比被动维修费用降低30%。把定期预防维修与预测结合起来，根据预测适当延长大修理时间间隔，在预定的时间再进行检查预测，则可以大大避免维修过剩的浪费。

3. 预测维修

预测维修是通过测量设备状态，识别即将出现的问题，预计故障修理时机，以减少设备损坏。预测维修的优点是：可预先知道设备状态，对维修备件和工具做好充分准备，节约了维修停机时间。另外，由于事先检测出造成质量劣化的潜在故障，有利于产品质量的控制，减少废品损失，还有利于减少由于振动等原因造成的能源消耗，因此避免了一些灾难性的故障，提高了设备运行的安全性。

预测维修的基础是振动监测。其他的预测维修技术还有油质和磨粒分析、红外热像分析、电动机电流特性分析、超声分析等。

4. 主动维修

其目的是应用先进的方法和修复技术来显著地延长机器寿命。主动维修的理想目标是永久消灭故障。其主要优点是：① 找出重复故障，通过改进设计加以消除；② 通过性能检验，确保维修后的设备无故障隐患；③ 按精度标准维修和安装；④ 辨认和消除各种影响设备寿命的因素。

"永久修复"的主动维修技术包括：

（1）故障根源分析。维修工作不应局限于解决表面故障问题，而应认真推敲深层次的原因，力求从根本上解决问题。

（2）精细的大修理和安装。精细的大修理包括平衡、对中、装配间隙的标准化等，做好了可以延长设备寿命，做不好则会减少寿命，甚至导致新故障的出现。

（3）购置或维修设备均有标准技术规范。

（4）建立大修理的验收合格证制度。经验表明，大修理有20%左右的不合格率，因此应对大修理质量严格把关。

（5）可靠性维修。对设备进行重新设计、修改设计、改进部件技术要求等。

5. 可靠性维修的实施

可靠性维修需要在预防维修、预测维修和主动维修之间取得平衡，以达到取长补短的效果。这三种策略构成一个天平，预测维修是天平杠杆的支点，如图10-7所示。由预测维修提供的机器状态的精确数据，使得预防维修和主动维修两头间的平衡成为可能，达到满意的经济效果。

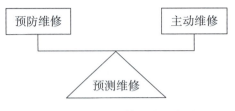

图 10-7　三种维修策略的平衡关系

按照可靠性维修的策略，设备在故障特征曲线的各个阶段应有不同的处理方式，如图 10-8 所示。具体实施过程分为三个阶段。

故障率	初始故障期	偶发故障期	耗损故障期
类别	初始故障	随机故障	耗损故障
原因	设计失误	误操作及环境影响	自然劣化（磨损）
维修措施			
基于可靠性维修的建议	验收标准 验收测试	状态监测 精细修理 日常预防维护	状态维修 根源分析 改善维修

图 10-8　可靠性维修策略

第六节　可靠性为中心的维修及其广泛应用

以可靠性为中心的维修管理（Reliability Centered Maintenance，RCM）属于第三代具有代表性的维修管理模式：这一设备管理模式强调以设备的可靠性、设备故障后果，作为制定维修策略的主要依据。按照以可靠性为中心的维修管理模式，首先应对设备的故障后果进行结构性评价、分析，并综合出一个有关安全、运行经济性和维修费用节省的维修策略。另外，在制定维修策略时，自觉地以故障模式的最新探索成果作为依据。也就是说，以可靠性为中心的维修管理，是综合了故障后果和故障模式的有关信息，以运行经济性为出发点的维修管理模式。

RCM 最早于 1978 年在美国商务航空工业用于一个特定的决策过程，在改进设备安全性、可靠性以及维护的费用有效性方面取得了特别的效果。这一体系在 20 世纪 80 年代不断被别的工业领域学习和应用。与此同时，随着 RCM 不断发展，与原来提出的初始状态比较，发生了不少变化。

下面，介绍以可靠性为中心的维修管理的基本概念和方法。

1. 关于故障后果的评价

以可靠性为中心的维修管理，对设备故障后果进行结构性评价。这种评价是以下面的顺序来排列其重要程度的：

（1）潜在故障问题。目前对设备无直接影响，而故障一旦发生则后果严重。

（2）安全故障问题。故障一旦发生，会造成人身或生命安全。

（3）运行故障问题。故障一旦发生，影响生产运行和修理的直接费用。

（4）非运行故障问题。此故障一般不影响生产运行，但影响修理费用。

按照以可靠性为中心的维修管理策略，如果设备故障后果严重，则应采用预防维修；否则除日常维护和润滑外，不必进行预防维修。在评价故障后果以便制定维修策略时，每个设备的所有功能和故障模式都应加以考虑，并进行分析，制定出每一设备的维修方针。其故障后果与维修策略的关系见表10-1。

表10-1 故障后果与维修策略的选择

故障类型	维修策略
潜在故障	强制预防维修 { 预测维修（状态监测、点检） / 预测维修（状态监测、点检）
有碍安全故障	强制性预防维修
经济性故障（运行故障）	根据经济性可选预防、预测或事后维修
经济性故障（非运行故障）	事后维修

2. 以可靠性为中心的维修管理对于故障特性的研究

预防维修是根据设备故障特征曲线或浴盆曲线，在设备进入耗损故障期之前安排进行的维修活动。当今的设备比以往要复杂得多，而且故障模式也有了新的变化。美国民航部门在过去30年间，做了大量关于设备可靠性的研究，发现设备从使用到淘汰（包括无形磨损造成的设备报废），其故障特征曲线呈6种不同形状，如图10-9所示。

从图10-9中可以看出，模式（b）开始为恒定或逐渐略增的故障率，最后进入耗损期；模式（c）显示了缓慢增长的故障率，但没有明显的耗损故障期；模式（d）显示了新设备刚出厂时的低故障率现象，很快增长为一个恒定的故障率；模式（e）在整个寿命周期都保持恒定的故障率；模式（f）在开始时有较高的初期故障率，很快降低为恒定或增长极为缓慢的故障率。研究表明，模式（a）、（b）、（c）、（d）、（e）、（f）的发生概率分别为4%、2%、5%、7%、14%和68%。显然，在设备越来越复杂的情况下，更多的设备遵循（e）和（f）所代表的模式。这一研究表明，原来认为设备使用时间越长磨损越严重，而且会使故障率迅速上升，这种观点不一定正确。对于某种故障模式起主导作用的设备，故障率可能与使用时间长短有关。而对于大多数设备而言，使用时间长短对于设备可靠性的影响不大。也就是说，经常修理设备或定期大修，不一定会防止故障发生，反而可能将初期的高故障率引入稳定的系统之中，增加设备总故障率。

根据上面的认识，设备的定期大修只有在故障后果严重且无法准确预测的情况下才有必要。有条件时尽可能采取预测维修，一般情况下则可采用日常维护保养及润滑等措施。

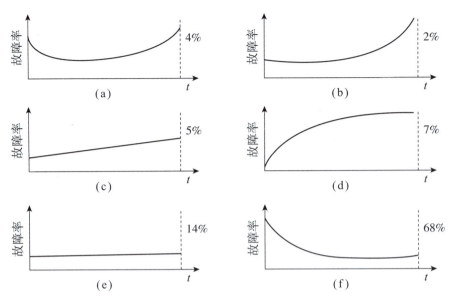

图 10-9 不同的故障特征曲线

3. 以可靠性为中心的维修管理对于潜在性故障和功能性故障的研究

所谓的潜在性故障，指故障发生前的一些预兆是可以识别的物理态，它表明一种可能的故障即将发生。功能性故障是指设备已丧失了某种规定功能。预防维修是在设备进入潜在故障期，但尚未发展成功能故障时进行的维修活动。我们称设备从潜在故障到功能故障的间隔期为 P-F 间隔，如图 10-10 所示。

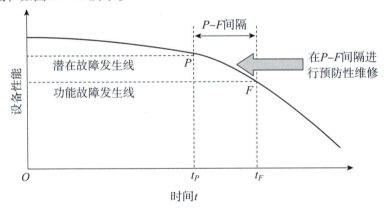

图 10-10 故障的 P-F 间隔

图 10-10 中 P 点表示设备性能已开始劣化并进入潜在故障期。这一时期在设备上具体表现为裂纹、振动、噪声、炉体表面的过热点、轮胎的磨损等。F 点表示设备已丧失规定功能，即已发展为功能故障。不同的设备其 P-F 间隔期差别很大，有的仅是几微秒，有的长达几十年。较长的 P-F 间隔期，使我们有更多的时间作预防维修。在我们作维修计划时，就应把这种关于潜在故障起始时间的测量，作为选择预防维修时间的依据。

4. 以可靠性为中心的维修管理和维修策略

以可靠性为中心的维修管理的最大特点，是以后果评价作为维修方法选择的依据。其要点是：

（1）对潜在故障使用强制性的预防维修。通过在线或周期性的故障检查来寻找故障。

（2）对危害安全的故障使用强制性的预防维修方法。如果没有可以使故障灾害降低的维修方法，则应考虑设备或部件的重新设计。

（3）运行和非运行的经济性故障，则根据经济合理性来决策到底使用何种维修方式。

（4）对于那些找不到可行的预防维修方法所能解决的问题，可以采用技术改造、重新设计和改装的方式解决。

5. 以可靠性为中心的维修管理的故障诊断和维修方法

以可靠性为中心的维修管理所使用的故障检测方法主要为：

（1）状态监测技术。现在有包括振动监测和油液分析在内的 150～200 种监测技术。

（2）根据产品质量变化来诊断设备故障的技术。

（3）设备性能监测技术。

（4）人的感觉检查，即凭视、听、触、嗅来检查设备状态变化。

以可靠性为中心的维修管理的维修策略包括：

（1）视情维修。通过以上检查诊断技术的运用，决定对设备的预防维修，再结合定期维修和定期报废更换维修方法。

（2）预防维修。定期维修或检查后安排的维修方法，作为视情维修方法的补充。

（3）事后维修。在不重要的设备上仍可采用。

以可靠性为中心的维修管理还注重评估各种维修方法的可用性和有效性。所谓可用，就是此方法在技术上是否行得通。有效则是评估每种方法使用后的结果。结果有效，还应对使用和不使用这种方法的总费用进行对比。

6. 以可靠性为中心的维修管理对于维修资源的合理调配

以可靠性为中心的维修管理，主张尽可能有效地利用人力、材料等维修资源。综观当代工业发展趋势，企业维修费用不断增长，作为"机器看管者"的操作工人不能得到充分的发挥。当前，企业设备维修的承担者可以有 3 种选择：

（1）外部承包者。外部承包者在集中高水平维修力量、维修工具等方面有一定优势。他们可以承担的工作有：分散的设备，如交通工具、起重工具；超出正常工作量的停产大修；费用便宜的工作，如管道、油漆工作等；专门设备如空调、计算机等；复杂设备的长期疑难问题，可由生产厂或其代理人协助解决。

（2）多技能操作者。设备自动化程度的提高，使操作工人成为机器的看管者。为了充分发挥这些工人的作用，不少企业开始注意把操作与维修结合起来，并交给一个人来完成。这些人也就是我们说的多技能操作者。他们也就是掌握了维修技能的生产操作工；也是"全面生产维护"的主力军。

（3）企业内部的维修部门。在相当一段时间内，企业内部的维修部门还应保留。他们承担着企业内相当一部分的维修任务。

以可靠性为中心的维修管理也在备件管理方面有新的发展，如在企业内开展的减少储备运动。以可靠性为中心的维修管理的后果评价，对减少储备贡献很大。对于必须储存的备件，分为常用备件、专项备件和关键备件三个系统，然后利用相应的模型处理。

这里，常用备件为传统的订货模型，订货数量预测以实际情况为依据。专项备件为大修前准备的配套零件，是短时间点状订货。关键备件一般很少使用，但比较昂贵，储备量根据故障概率确定。

7. 以可靠性为中心的维修管理强调工人和管理人员的培训

因为以可靠性为中心的维修管理，要求操作者具备维修技能，如电气、电子知识，机械知识，气动、液压及传感技术等。管理人员应具备根据故障后果评价和选择维修策略的水平，同时还要求管理者对于维修计划、派工单、工时估计、工作分配计划、预算和费用控制及领导和启发艺术均达到一定水平。因此，企业要经常性地对工人和管理人员进行培训，使他们适应现代企业的发展。

8. 以可靠性为中心的维修管理的实施

以可靠性为中心的维修管理，可以在一年之内完成对人员的培训和实践练习。可以分三个阶段进行：

（1）第一阶段利用以可靠性为中心的维修管理的思想和技术，来评价故障后果和选择预防性措施。这个阶段结束后，将形成一个全厂设备维修需求的全面总结或计划系统，这一计划应该使总维修工作量显著减少。

（2）第二阶段利用第一阶段的结果，制定人力和备件管理政策，视实际情况对现有管理状况加以调整。

（3）第三阶段设计各种系统和执行程序，以保证第一阶段和第二阶段计划顺利进行。

9. 以可靠性为中心维修的逻辑决断分析

以可靠性为中心维修的核心是根据 RCM 原理所进行的关于维修策略的逻辑决断分析。

首先需要判断故障后果是否严重，对于不严重的后果，非预防形式的事后处理可以最大限度延长设备的有效使用时间。

如果故障后果严重，即故障对于安全、环境、职业健康和生产损失的影响严重，则再看定期预防维修、非定期的状态维修以及隐患检测是否技术可行，如果技术不可行，则只能通过改进设计加以解决；如果技术可行，再进一步看预防维修从经济上分析是否合理，如果经济上不合理，则应作改善或者事后处理，而不必采取所推荐的策略。

如果经济上是合算的，则采取预防维修策略。RCM 的逻辑决断图多而复杂，但纵观各类 RCM 逻辑决断图，其本质不外乎我们总结出的如下简单形式的 RCM 逻辑决断图，如图 10-11 所示。

图 10-11 中隐患检测包括两种情况，一种是设备某种功能平时是工作的，但很难知道其是否正常工作，例如烟火传感报警装置，平时是工作的，但我们并不知道是否正常，需要通过某些方法检测出其是否工作；另外一种是平时不工作，但需要其工作时却不能保证其是否工作。例如灭火的自动喷淋装置或者设备的备用泵，平时不工作，但真正需要其工作又不知能否发挥作用。这也需要有检测手段和方法将其隐蔽故障检测出来。

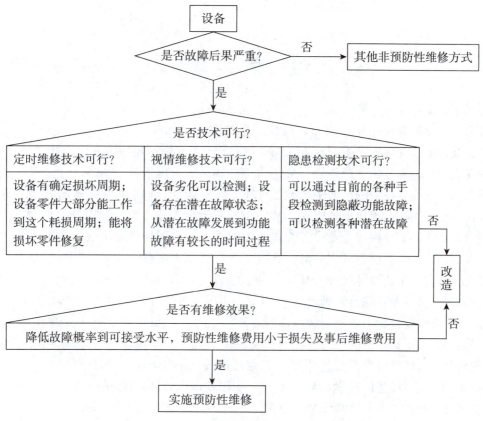

图 10-11 简单形式的 RCM 逻辑决断图

参 考 文 献

[1] 郁君平. 设备管理 [M]. 北京：机械工业出版社，2007.
[2] 林允明. 设备管理 [M]. 北京：机械工业出版社，1999.
[3] 李葆文. 设备管理新思维新模式（第3版）[M]. 北京：机械工业出版社，2010.
[4] 李葆文. 全面规范化生产维修 [M]. 北京：冶金工业出版社，2005.
[5] 张友诚. 现代企业中的全面生产设备管理 [M]. 长沙：湖南科学技术出版社，2010.
[6] 王汝杰，石博强. 现代设备管理 [M]. 北京：冶金工业出版社，2007.
[7] 赵有青，王春喜. 现代企业设备管理 [M]. 北京：中国轻工业出版社，2011.
[8] 张友诚. 现代企业设备管理 [M]. 北京：中国计划出版社，2006.
[9] 胡先荣. 现代企业设备管理 [M]. 北京：机械工业出版社，1994.
[10] 李佩玲，等. 设备综合管理 [M]. 西安：中国设备管理培训中心，1994.
[11] 苏杭. 机械设备状态监测与故障诊断 [M]. 北京：机械工业出版社，1996.
[12] 李佩玲. 设备管理中的状态监测与诊断 [M]. 西安：中国设备管理培训中心，1993.
[13] 贾继赏. 机械设备维修工艺 [M]. 北京：机械工业出版社，1997.
[14] 高来阳. 机械设备修理学 [M]. 北京：中国铁道出版社，1996.
[15] 徐扬光. 设备工程与管理 [M]. 上海：华东化工学院出版社，1992.
[16] 陈付林. 设备管理与维修 [M]. 南京：河海大学出版社，1990.
[17] 中国设备管理协会. 设备管理与维修 [M]. 北京：机械工业出版社，1987.
[18] 钟掘. 现代设备管理 [M]. 北京：机械工业出版社，1997.
[19] 徐温厚，查志文. 工业企业设备管理 [M]. 北京：国防工业出版社，1987.
[20] 中国机械工程学会设备维修分会. 设备工程实用手册 [M]. 北京：中国经济出版社，1999.
[21] 徐保强，李葆文，等. 规范化的设备备件管理 [M]. 北京：机械工业出版社，2008.
[22] 郑国伟，王德邦. 设备管理与维修工作手册 [M]. 长沙：湖南科学技术出版社，1989.
[23] 沈景明. 机械工业技术经济学 [M]. 北京：机械工业出版社，1981.
[24] 胡邦喜. 设备润滑基础 [M]. 北京：冶金工业出版社，2002.